探矿工程与地质灾害防治技术

冯壮雄　胡传宏　刘海洋　主编

吉林科学技术出版社

图书在版编目（CIP）数据

探矿工程与地质灾害防治技术 / 冯壮雄，胡传宏，
刘海洋主编． -- 长春：吉林科学技术出版社，2020.10
　　ISBN 978-7-5578-7555-8

　　Ⅰ．①探… Ⅱ．①冯… ②胡… ③刘… Ⅲ．①探矿工
程一研究一中国②地质灾害一灾害防治一研究一中国
Ⅳ．① P62 ② P694

　　中国版本图书馆 CIP 数据核字 (2020) 第 200220 号

探矿工程与地质灾害防治技术

主　　编	冯壮雄　　胡传宏　　刘海洋	
出 版 人	宛　霞	
责任编辑	汪雪君	
封面设计	薛一婷	
制　　版	长春美印图文设计有限公司	
幅面尺寸	185mm×260mm	
开　　本	16	
字　　数	220 千字	
印　　张	10.25	
版　　次	2020 年 10 月第 1 版	
印　　次	2020 年 10 月第 1 次印刷	
出　　版	吉林科学技术出版社	
发　　行	吉林科学技术出版社	
地　　址	长春净月高新区福祉大路 5788 号出版大厦 A 座	
邮　　编	130118	
发行部电话 / 传真	0431—81629529　　81629530　　81629531	
	81629532　　81629533　　81629534	
储运部电话	0431—86059116	
编辑部电话	0431—81629520	
印　　刷	北京宝莲鸿图科技有限公司	
书　　号	ISBN 978-7-5578-7555-8	
定　　价	55.00 元	

前　言

探矿工程在地球科学和地质勘查工作领域中应用得非常广泛。探矿工程的技术对于地球科学和地质勘查工作也有着重要的作用，且其中某些技术还是不可替代的，而为了能够更好地解决探矿工程的技术问题，并对于工程技术能力进行促进和开发，所以就需要对于探矿工程的技术问题进行探讨。这些问题的解决除了对于工程施工有很大的益处之外，对于环境的治理和自然灾害的防范也有着深远的意义。在地质勘查的时候，技术人员应该对这种技术不断加强和创新，这样才能够让这一门技术获得更加广阔的发展空间和生存空间，同时能够在很大程度上促进地质勘查的发展。

探矿工程是在中国起步比较晚的一项工程，现在这种工程尚且处于探索时期。这种工程的主要内容是对于地下资源进行勘查，在工程上能够涉及的领域非常广泛。探矿工程是一项高风险的工作，需要工作人员的基础知识扎实，实践经验丰富深厚。在探矿工程的发展过程中，对于其他的地质勘查工作的作用也是不可或缺的。

我国地质构造是相当复杂的，地理位置具有一定的独特性，人口数量多，承载能力不强。由于受到这些因素的影响，我国地质灾害类型较多、影响范围较广，损失重大。基于此，本节以地质灾害为研究对象，首先介绍了地质灾害的基本类型，然后分析了地质灾害发生的特点，最后提出了岩土工程地质灾害的防治和具体应用，希望可以为有需要的人提供参考意见。

近年来，在我国社会经济高速发展的背景下，工程建设数量越来越多，使得地质环境压力日益加大，也导致灾害次数和强度不断增加。地质灾害的出现，在很大程度上直接威胁人们的生命财产安全。因此，必须要进一步探索分析地质灾害及其防治技术在岩土工程中的应用，只有这样才可以更好地提高岩土工程施工质量。

总而言之，岩土工程施工中地质灾害防治问题涉及多个方面，该工程具有一定的综合性。因为我国地质灾害类型多元化，而不同的地质灾害有不同的形成原因，所以在地质灾害防治中必须要充分考虑地质灾害的类型，制定适合的防治策略，进而获得显著的防治效果。在科技日益进步的背景下，越来越多的新材料以及新技术在岩土工程地质灾害防治中得到应用，这样有利于创新地质灾害防治技术。

前　言

目　录

第一章 探矿工程的理论研究

第一节 探矿工程存在的问题

随着我国更加重视资源和环境保护利用，探矿工程作为重要技术手段被广泛应用。本节指出了我国探矿工程存在的诸多问题，并提出了改进建议，为提升探矿工程技术管理水平提供了借鉴。

随着我国对矿产资源的需求和消耗日益增大，做好资源储备工作变得愈发重要。地质找矿难度也逐年增大，不得不向深部找矿，并开展绿色勘探，这都需要采用先进的地质勘探手段，来确保地质勘探工程的可靠实施。

一、探矿工程

探矿工程的概念和作用。探矿工程包括地质勘探工程中相关的各种工程技术，通过多种技术手段，研究特定区域的地质体，探明其中蕴藏的矿物，获得资源储量，是矿业和能源开采的基础，为国家工业提供基础性保障。探矿工程的作用主要体现：一是我国资源分布广泛、种类繁多，但主要矿产资源仍需要大量进口，先进绿色的探矿技术对于确保我国资源储备是非常重要的。二是我国地形地貌多样、地质环境条件复杂、地质灾害频发，严重威胁了人民群众的生命财产安全，先进的探矿工程技术可以在地质灾害防治中发挥重要的作用。

探矿工程应用情况。目前，在我国地质工作中，广泛了使用综合地质勘探法，综合运用微波遥感、物化探、测绘、坑探、钻探等多种技术手段进行全方位的勘探工作。随着科技进步，钻探工程应用范围越来越广泛，其可分为两类：工程地质钻进和地质勘探钻进，其中，地质勘探钻进根据设计方案，利用钻探设备钻入岩层，取得岩土样品等资料，并通过钻孔进行地下水观测和物理测量，在地质勘探中应用相对更加广泛。如今探矿钻探工程工作中，钻进深度不断增加，普遍可达到数千米。苏联 1979 年在科拉半岛钻挖的一口地质勘探井，深度甚至达到了 12 公里。钻探技术也越来越丰富，常见的钻探技术包括绳索取芯钻探技术、反循环钻探技术、液动潜孔锤钻探技术、组合钻探技术、定向对接井技术等。

二、探矿工程应用中的问题

（1）技术管理存在不足。探矿工程具有特殊性，这决定了探矿工程有较强的技术含量和难度，必须在技术理论的基础上加以实践。但目前，我国科研机构和大多数高校对探矿工程专业学科研究程度不足，造成我国探矿工程技术发展较为缓慢，缺乏实质性、创新性的理论研究进展。同时，我国在探矿设备研发、技术能力上，跟国外先进水平相比，还有明显的差距，这对探矿工程的有效实施有着较大影响。由于缺乏技术支持，无法有效规避探矿工程中的质量和安全隐患。

（2）安全管理未成体系。目前，各单位都非常重视安全生产，但由于探矿工程需要利用钻机等专用设备深入到野外等特殊环境，对较深的地下进行勘探工作，因而危险程度相对较高。但目前，我国地勘行业缺乏标准化的安全作业程序和安全防范措施，无法实现探矿工程全过程的安全管控，地勘单位及其协作队伍的人员安全意识明显不足，无法在施工过程中对各类风险进行严格控制，此外，部分探矿人员也缺乏安全护具。

（3）环境管理未有效实施。各地勘单位普遍没有对探矿工程项目所在外部地质环境进行充分的了解，并进行集中有效的管理，往往导致探矿点的选择不够科学，影响后续工作的开展，乃至影响探矿工程项目的实施质量，导致探矿工程项目目标不能有效实现，不但影响探矿工作基础数据的有效性，还可能对环保水土保持带来不良影响，造成安全生产和生态环境保护问题。

（4）项目管理水平存在欠缺。我国探矿工程缺乏项目管理规范，地勘单位也普遍没有针对探矿工程建立起项目管理体系。这导致探矿工程项目实施过程中，各个环节实施标准不统一，流程间无法有效衔接，配合和信息沟通存在障碍，增加管理难度，影响探矿工程实施的整体效果，导致项目目标无法实现。

三、探矿工程改进措施

研究应用先进的探矿工程技术。应重视探矿技术的研究，加大先进技术的引进、改造和使用力度，以提升探矿工程技术能力，更好发挥探矿工程的技术保障作用。由于我国国土面积广阔，地质条件复杂，应针对不同区域和地质条件，研究、选择针对不同地质特点的探矿工程技术，提高工程实施效果。此外，应加大资金投入，引进先进技术装备，提高探矿工程机械化程度，提升探矿工作效率。也可以引入信息技术，利用计算机软件强化钻探工程数据分析，节约人力，提高数据计算和存储能力。

强化安全体系建设。由于探矿工程自身特殊性，加强探矿工程安全体系建设尤为重要。一是强化安全制度体系建设。通过健全安全管理组织架构，研究国家安全相关法律法规，制定完善本单位安全制度规程，开展安全标准化建设，确保安全管理有依据。二是强化安全制度执行。应足额保证安全投入，按照安全标准化要求，配备充足的安全防护设施和护具。探矿施工人员应签订安全生产责任状，购买各类工伤保险。三是强化现场安全管理。开工前，应进行安全技术交底，并认真组织安全培训，强化安全意识，使每个施工人员都充分了解安全隐患点。在野外进行探矿施工时，尤其是雨、雪、大风等极端天气条件下，应充分了解当地地形地貌和地质情况，确保安全后方可开展工程作业。此外，还应始终把防范化解安全风险摆在重要位置，对查找出的安全隐患进行细致排查，确保安全隐患得到有效控制。

充分管理外部地质环境。探矿人员要在工作开展前，需要对工作场地进行充分调查了解，做好设计选点及施工前准备，为进一步开展地质探矿工作打好基础。要成立以项目经理为组长、相应专业人员组成的环境保护小组，编制施工环保、水土保持相关方案，明确环保相关措施。应确保足额保障环保经费，配备响应环保设施，强化环保宣传和培训，全面和控制施工污染，确保环境保护体系能运行顺畅。根据场地特点，因地制宜选择施工方案，采用环保泥浆、废水再生减少排放、废弃物妥善掩埋等环保措施，降低钻探施工对环境的破坏，保持工地整洁，真正实现绿色施工。

强化探矿工程项目管理。应按照项目管理要求实施，确保项目风险可控，项目目标得以实现。地勘行业应在国家法律法规和主管部门规定下，参照其他行业成熟经验，研究制定适应探矿工程管理需要的项目管理规范，并应用于管理实践中，强化项目质量、安全、进度、收支管控。实施项目管理过程中，应强化地勘项目组内部以及单位内部的沟通和联系，及时解决探矿工程项目实施中遇到的各种问题，确保项目顺利实施。应强化管理信息化工作，通过研发使用项目管理系统，对项目管理过程进行全过程管控，提高管理效率和管理能力。

地勘单位应充分发挥探矿工程的作用，利用先进的技术和管理手段，为地质工作的有效实施获取准确的数据，提升探矿工程质量，为矿产资源后续开发提供可靠依据。

第二节 探矿工程可持续发展的思考

我国社会经济转型发展要求建设生态文明、绿色发展、合理使用矿产资源，受技术观念因素限制，我国探矿工程领域存在一些具体问题。我们要树立探矿工程可持续发展的理念，创新探矿工程的改革方法，达到促进探矿工程可持续发展目标。

本节主要分析探矿工程领域存在的具体问题，基于可持续发展的理念探矿工程改革的方向，以及优化探矿工程科学实施有效的具体措施。

一、探矿工程可持续发展具体问题

（1）缺乏专业高技术人才。随着我国探矿工程规模不断扩大，探矿工程内容越发复杂，探矿工程当前面临着严重的高专业技术人才匮乏问题。一方面，探矿工程专业人员普遍存在老龄化的问题，从事探矿工程技术人员有限，现有探矿工程技术人员的知识技术有待更新。另一方面我国探矿工程人才紧缺，探矿人才数量较少，探矿人员培养机制不完善，大部分探矿专业的人才并未从事探矿工程相关专业工作，有些从事探矿工程的探矿人员也缺乏必要的工作经验，探矿操作人员不掌握新型探矿技术。部分探矿工程部门未能针对性的加强探矿从业人员的技能培训工作，不能制定有效的绩效考核方法促进探矿人员全面成长。不少探矿技术人员不了解新型的探矿作业技术，不能在复杂地质环境下开展细致的探矿作业，探矿工程操作安全性不足，因此阻碍探矿工程进行，不利于探矿工程持续发展。

（2）探矿操作不合理。目前我国探矿工程存在着探矿成本较高，探矿工程安全隐患严重。加上我国地质结构较复杂，矿产资源分布环境因素影响，导致我国探矿工程的技术水平较低，探矿工程施工缺乏合理性与科学性。而且，我国探矿工程管理体系建设不足，探矿工程施工监督不足，探矿工程操作的随意性相对较大，在很大程度上存在着浪费资金，探矿成本较高，探矿操作低效等具体问题。一些探矿工程的安全设施配置不足，缺乏有效的安全管理技术措施。还有的探矿工程使用的方法不合理，探矿检测技术手段不足，没能根据具体的情况使用针对性的探矿措施，因此导致探矿工程进展不顺利。

（3）探矿技术设备落后。我国探矿工程技术设备相对落后，探矿技术更新有限，很多原地矿系统下属地质队探矿施工技术设备陈旧，在很大程度上影响探矿工程施工效率。由于缺乏有效的探矿施工技术与硬件设备，导致不能在复杂的地质环境下开展充分的探矿工程，探矿工程在很大程度上依靠工程技术人员经验，因此导致探矿工程事故频发，探矿工程风险因素较大。首先，探矿工程缺乏信息化技术设备，没能基于各种遥感技术与地理信息测绘质量对探矿工程的前期资料进行精确收集分析。其次，探矿工程缺乏科学有效的探矿操作方法，探矿工程受外在环境干扰较大，因而导致探矿工程的整体风险较高。第三，探矿工程施工部门与专业技术研发部门的配合不足，探矿技术手段更新速度较慢，存在不能进行深度精确探矿的问题。由于缺乏必要的资金支持，探矿操作缺乏技术保障，因此影响探矿工程质量。

二、探矿工程可持续发展构成要素

（1）拓宽应用领域。提高探矿工程的可持续性，还要扩宽探矿工程领域，提高全域探矿工程能力，解决探矿工程实施的具体问题。首先，应当在登极、入地、下海领域明确探矿工程操作方式方法，针对复杂地域环境做好探矿工程准备，达到促进探矿工程深入可持续发展的目标。其次，研究探矿工程的新形势，提高相关数据信息收集的可靠性，能够在探矿工程技术方面不断创新，对探矿工程新领域给予高度重视。第三，加强探矿专业分工与学科建设，促进探矿工程专业技术人员进行充分交流，提高探矿工程学科领域建设的前沿性，满足具体环境下探矿工程实际需要。

（2）遵循国家政策。提高探矿工程实施有效性，促进探矿工程的持续开展，还要明确国家的相关政策，积极利用国家政策获得扶持资金，从而促进探矿工程的持续发展。首先，应当积极争取国家专业资金的支持，把握探矿工程的具体时机，基于国家的经济发展政策需要，明确探矿工程实施的重点与关键环节。其次，应当明确探矿工程的地位，根据国家政策与资源分配方向开展具体的探矿工程，从而达到促进探矿工程可持续发展的目标。第三，注重针对性的做好探矿工程准备工作，强调各类探矿工程与国家的政策要求进行技术储备，从而提高探矿工程整体质量。

（3）加强安全管理。安全管理是保证探矿工程可持续实施的基础，应当根据探矿工程的需要建立完善的安全管理体系，明确探矿工程的责任机制，提高探矿工程管理的综合性。首先，应当树立安全第一的理念，结合具体问题分析探矿工程的实际问题，明确探矿工程的安全手段，充分提高探矿工程人员的安全责任意识。其次，强化探矿工程安全检查，优化探矿工程的技术设备属性，合理分配探矿工程资源，提高探矿操作的综合性。第三，辅助做好探矿工程的相关工作，加强医疗、防护、自我安全能力培训工作。第四，还要加强安全隐患排查，明确安全工作责任意识，注重周围潜在风险因素进行分析，达到以有效探矿探矿安全隐患的目标。第五，推行野外项目标准化实施，并坚持落实执行，起到实效。

三、探矿工程可持续发展主要策略

（1）更新探矿工程理念。首先，应当转变工程模式和工程理念，注重把可持续发展作为探矿工程理念，明确探矿工程对其他技术产业提供服务的理念。强调基于有效的管理体系不断更新探矿技术，达到满足海洋固体资源勘探、冻土环境探矿、城市地质、新型绿色能源探矿需要，全面拓展探矿工程方式，满足复杂环境下的探矿工程作业需要。其次，在探矿作业中有效地防止对环境资源造成的破坏问题，构建完善的探矿工程技术体系，真正实现探矿工程的可持续发展，注重基于技术更新实现探矿工程的持续进行。

（2）加强人才队伍建设。提高探矿工程的整体质量，还要加强探矿施工队伍建设，注重建立综合性的探矿工程队伍。首先，应当提高探矿工程人员专业性，注重进行综合性的探矿工程技术队伍培训工作，明确探矿工程队伍的培训工作计划，创新探矿工程人员培训形式，基于在线互动与技术小组攻关的方式进行探矿经验与技术更新。其次，引进专业探矿人才，建立校企合作的探矿人才培养体系，尤其注重引进高端探矿技术人才，建立委托培养的工作机制，从而提高探矿人员的专业性，促进探矿队伍不断发展。第三，还要加强工程专业人才培养，加大探矿人才培养的投资力度，注重提高探矿人才培养前沿性，根据探矿工作需要进行培训内容更新，并且建立有效的人才评价机制，达到针对性提高人才水平目标。

（3）提升探矿从业人员的地位。高质量发展人员或人才是不可或缺的因素，所以小到各个地勘单位，大到国家相关部门应出台相关政策，提高探矿从业人员地位，以此激励探矿从业人员的激情、干劲。

促进探矿工程的可持续发展，应当加强探矿工程的整体规划，明确探矿工程的具体思路，优化配置专业技术人才，形成探矿工程管理体系，依据国家政策开展相关工作，促进探矿工程达到全面发展的目标。

第三节　矿山地质探矿工程探析

地质探矿工程作为矿山工程的一部分，对其整个矿山的开采及利用有着极其重要的影响和作用。随着可持续发展概念的提出以及生态环境保护意识的逐渐增强，对于地质探矿的方式也有了新的挑战。文章就现阶段我国矿山地质探矿中存在的一些问题进行简要的分析与总结，并提出合理化的解决措施，仅供参考。

我国的资源问题日趋严重，需要引起相关部门和人员的重视。探矿工程对于矿产资源的开发利用有着十分重要的作用，但是在矿山地质的具体应用中，经常会出现各种各样的问题，存在着严重的安全隐患，如果不重视，很容易造成很严重的后果。

一、地质探矿工程的概念

地质探矿工程是一项很重要的技术方法，该技术可以直接获取地下岩层的实物，是一门有效的工程学科。地质探矿工程是为了探明地质中的隐伏矿体或者是为了探明某些特定的地质深度、形态、结构以及储量而取出实物资料进行探测的一种工程技术，主要包括钻探工程、坑探工程以及探矿机械。

矿产资源是经济发展的重要物质基础。矿产资源的开发利用是和环境联系在一起的。矿山地质探矿工程技术是作用在一定的地质环境中，因此常常会产生一些环境地质问题。在我国，为了满足经济发展的需要，人们对矿山的开采变得频繁。人们在开发利用矿山资源促进自身发展的同时，不可避免面临着对矿山地质环境产生的巨大的影响，如果处理不当，还会造成资源的枯竭、引起地质灾害和污染周围的环境。我国在矿产资源的开发利用过程中已经意识到资源和环境之间的矛盾问题，并且不断地加大对矿产资源的开采，资源的压力可以在一定的程度上得到缓解。但是一个不容忽视的事实是，在矿山地质探矿的过程中可能会产生一定的安全隐患问题，很多的采矿人没有看到长远的利益，只是从眼前的利益出发，一味地强调对矿山的探测而没有采取必要的保护措施。

矿山地质探矿工程中存在的问题主要为矿山地质探矿技术缺乏，尤其是探矿方式不合理。首先，由于技术封锁以及我国现阶段在科学技术上与欧美发达国家的差距，我国的地质探矿技术相对国外还是有一定的差距。目前在我国比较熟悉的探矿方式主要有物探法、钻探法、坑探法和槽探法等。其中槽探法和钻探法在近几年的矿区勘探过程中使用较多。

在矿山地质探矿过程中，探矿的方式要根据具体的矿山地质来选择。但是很多的企业在进行地质探矿时，更多的是用以往的地质探矿经验进行探测及选择探矿方式，而没有认真地去根据矿山的地质情况来选取。这就很容易出现因使用探矿方式的不合理而带来的安全隐患，同时也带来了诸多问题。在那些存在着比较多的旧作业区要特别注意，由于当前的探矿技术的欠缺或者是探法的使用不当，都会给作业带来安全问题。

缺乏专业化的作业队伍，尤其是安全意识的薄弱。对于矿山地质探矿工程来讲，这是一项比较枯燥的作业模式。长时间以往，相关人员在制定的环境作业下，就会出现倦怠等现象，对于安全意识就会放松警惕，这不免就会造成严重的安全事故。从某种意义上来讲，探矿工程作业虽是一项熟练工种，但是矿区环境存在复杂多变等现象，所以在施工作业中，必须培训他们的专业素质及安全意识，避免事故的发生。

三、矿山地质探矿工程中问题的解决措施

全面掌握矿山地质的环境情况。矿山地质环境状况对于整个矿山地质探矿来讲，有着极其重要的作用。所以在选择探矿方式及地点前，要对整个矿山的地质情况有所考察，从地质条件上来看，不同区域的矿山其所处的地质环境是截然不同的，所以一定要了解矿山的类型及矿层的内部构造，如矿脉的规模、数量、形态、产状、矿化等。在进行合理推断后，依据有关信息可以恰当的选择探矿方式并加以研究。随着可持续发展概念的不断提出，对于矿山探矿而言也提出了新的挑战，尤其是对环境保护等问题尤为突出，在确保环境的前提下，进行合理开发。

提高工作人员安全意识。安全对于探矿工程来说是极其重要的，作为一种特殊作业，安全必须得到有效的贯彻于落实。一方面不仅要加强工作人员的专业岗位技能培训，另一方面还要贯彻他们的安全意识，将安全问题重中之重，不仅可以发现潜在的安全隐患，而且能够将自己保护好。

恰当选择探矿方式，正确选择探矿地址。就目前而言，我国探矿在进行方式选择的过程中仍存在着很多的问题，这将直接影响探矿的质量，所以选择恰当的探矿方式是尤为重要的。在进行探矿方式选择前，可以依据实际情况来进行合理选择。在此过程中要本着以科学探矿为原则，了解当前探矿的所处环境，针对不用探矿的特点选择合理的探矿方式，这样不仅可以避免错误探矿选址，更能减少因错误选址而带来的经济损失。

对矿山地质探矿工程的安全管理工作进行强化。安全管理在矿山地质探矿中有着极其重要的作用。在实施开采矿产资源前，必须对其建立完善的管理制度，建立各种相关制度，明确责任人的责任与义务，从各个环节对安全管理进行检查与监督，从根本上降低其安全隐患。例如，可以成立有关小组，对矿山相关责任人进行安全管理培训，同时提升他们的责任意识，通过管理培训不断提升他们的思想意识，从而意识到安全管理的重要性。有些危险因素在可控范围内是完全可以避免的，只要在矿山地质探矿过程中将安全管理彻底贯

彻落实，就可以达到应有的效果。

关注其他力量对探矿的影响。对于探矿工程而言，安全问题是重中之重。影响其安全的主要因素有两点：第一，政府主导。从这个意义上来讲，政府作为主要力量要严格按照有关规定，督促探矿工程相关人员必须按照有关规定进行工程开采，绝对不能违规操作，否则要追究其相应责任。第二，开采责任人。作为开采探矿的主要责任人，对于整个探矿工程的建设发展有着极其重要的作用，所以，责任人必须具备良好的专业素质和可持续发展的战略思想，这样才能更好地推动探矿工程的顺利进行。

以政府主导明确工程各方的责任。矿山地质探矿作业是一项利国利民的工程，作为政府要在其建设过程中发挥重要的主导作用，明确有关责任人的职责，加强管理与监督，避免因监督不力而出现的诸多问题。在矿山地质探矿中，要严格按照相关规定进行依法施工，同时还要充分考虑探矿工程实际情况及周边环境，在开采前一定要明确责任人，贯彻生态探矿工程的意义，协调相互之间的关系，从而利于探矿作业工程的开展。

中国地质状况从某种角度来讲，相对比较复杂，很多矿山都存在着各种安全问题，本文主要是针对矿山地质勘查中所存在的一些基本问题进行了简要的分析与总结，并提出了合理化的解决措施，能在一定程度上获得了较好的成效，但是整体来讲还应看到其存在的不足，可以通过加强管理及技术引进，不断提高我国矿山地质探矿工程的技术水平，在保证质量的前提下获得更好地经济效益，促进我国经济的可持续发展。

第四节　探矿工程的工作布置

首先，介绍探矿工程的作用；其次，分析探矿工程的准则及布置形式；最后，总结探矿工程地质设计内容，希望文中内容对促进探矿工程行业的整体发展，以及相关工作人员能够有所帮助。

探矿工程的布置集地质设计与探矿工作的具体开展有着密切联系。从实际情况来看，如果探矿工程布置不合理，或者设计出现问题，都会对探矿结果产生影响。由此可见，探矿工程实施期间，要科学布置探矿工程，同时要做好地质设计。

一、探矿工程的作用

随着人们对矿产需求量的不断增多，矿山地质环境也发生了较大变化，在该背景下，要对探矿工程进行合理应用，完成对我国矿产资源的合理开发。通过分析可以发现，探矿工程是一项相对复杂的工作，地质探矿期间，对于一些特定的地质以及矿体的深度、规模等各项内容要探明，并且要采用具有代表性的实物资料，完成相应的探测作业。

地质勘探期间，钻探取样应当通过探矿工程方式完成，探矿工程是解决各项技术中的一项关键内容。此外，在治理不同的类型的地质灾害以及缺水地区的钻井工程等各项领域中，都要会应用到探矿工程，可见探矿工程的重要性。我国具有丰富的矿产资源，而随着科学技术的不断发展，地质找矿行业体现出了不错的发展潜力，这也就使探矿工程担负更大的责任，特别是在探矿行业在我国经济比例逐渐变大的今天，其重要性更加不言而喻，因此，加强对该项内容的研究与分析是十分必要的。

二、探矿工程的准则及布置型式

循环渐进。探矿作业要逐步进行，要有层次的开展，而不是在一个较大的范围内，胡乱撒网，盲目的寻找线索，这样的操作是不合理的，通过逐渐探索方式，可以确保探矿工程工作的顺利进行。

依据矿产分布开展。矿产资源的分布都有着一定的规律性，因此，矿产的开发并不是随意进行的，要依据矿产的实际分布情况，遵循相应的规律，从而快速地找到相应的矿藏，明确矿产的具体分布情况，最大程度减少物力、人力的消耗量，提高矿产开采的经济效益。

综合应用。探矿是一项十分复杂工作，具体工作开展过程中涉及的内容较多，要对存在于的地下的矿产资源进行探明，在具体探矿期间，面临的难度较大，因此，要对探矿期间能够应用的各项仪器进行综合应用，充分发挥各种仪器在探矿期间的作用，只有这样才能更好地完成相应的钻探作业，确保最终取得理想的结果。

探矿工作布置形式。从过去我国探矿工程的实际工作经验来看，探矿工作的具体布置形式主要有以下三种：

（1）勘探线。在具体探矿作业期间，将工程布置在与矿体新走向成 90° 角的剖面上，最终构成一组相互平行的直线，我们将其称作勘探线。

（2）水平勘探。水平勘探坑道沿着深度揭露和圈定各项不同、相同的矿体，最终形成多层不同标高的水平勘探剖面。

（3）勘探网。在方向不同的勘探线的交叉处，进行探矿工程布置，从而构成一个网状的探矿工程，通过对其应用，完成相应的探矿作业。

三、、探矿工程地质设计

在对探矿工程地质设计方法进行探讨前，相关的作业人员，要先了解地质设计的具体原因。需要相关工作人员在具体工作过程中明确的是，地质勘查是探矿工程开展的基础，要想对充分了解矿区的具体分布情况，就必须要详细勘查探矿工程的地质情况，只有做好该项工作，才能获取到更加可靠、精准的掌握矿体的各项信息内容。此外，地质条件也是成矿的一项必要条件，基于以上内容，可以确定探矿工程的出发点是地质条件。探矿工程的地质设计形式如下。

探矿工程设计。从探矿工程的实际作业情况来看，探矿工程设计在具体执行期间，包括的具体步骤如下：

（1）要依据工程的情况，确定钻孔载穿矿体的具体部位。确定位置也是钻孔作业的第一步，该步骤对后续各项作业的开展，以及工作质量造成直接影响，因此对于该项作业，必须要做好相应的校准工作，以免对日后作业造成不良影响。

（2）确定钻口作业期间，孔口位置以及钻孔的实际倾斜情况。一般来说，钻孔位置主要依据勘探网度以及载穿矿体的实际位置加以确定。同时，还应要对钻孔施工的技术条件。第一，孔位附近要保持平坦，平坦的地势方便施工及各种施工机械的安装，以及施工中施工的各项材料的堆放。确保地质基本平整，顺利完成各项设备和机械的安装工作，以及确保日后各种机械和设备运行的安全性。第二，孔口要尽量避开，建筑物、道路、陡崖等为主，这主要因为，钻口在开钻时必须要达到一定的深度，因此，如果孔口与建筑物、道路的位置过近，将会对钻孔作用造成一定影响，进而将会对最终的探矿造成影响。

（3）钻孔工作对于探矿工程工作的开展有着重要影响，这对钻孔技术也提出了更高的要求。因此，在钻孔过程中，要做好岩芯、矿芯的调整工作，因为钻孔的核心目的就是岩芯和矿芯，也就是说，钻孔要达到相应的采取率才具有实际意义。

（4）依据钻孔的具体情况，编制理想的柱状图。钻孔理想的柱状图是状况技术设计和施工地质的主要依据，其是依据勘探探线设计剖面编制的，钻孔作业涉及深度温度，因此，利用柱状图，能够更好地表现钻孔各个方面的具体情况。

坑道设计。坑道是一项深部探矿工程，其主要包括竖井、岩脉等，此类型工程的施工条件十分复杂，并且在具体作业过程中需要的费用相对较高。因此，在具体设计过程中，必要对最终目标加以明确，同时严格的依据地质的情况进行。此外，为了确保抗渗工程在日后作用过程中能够发挥出应有的作用，应当同开采部门进行研究，全面了解开采方案，以及开采块和中段的实际高度，确保地质设计的合理性。

探矿工程在矿产开采有着重要作用，会对矿产开采的成败造成直接影响。因此，在进行探矿工程布置、地质设计时，要做好相应的分析工作，确保布置工作以及地质设计的合理性，从而提升矿山开采效率。

第五节 探矿工程技术和安全生产设计

本节针对探矿工程技术和安全生产技术，结合理论实践，简要阐述地质探矿作用的基础上，分析了目前探矿中常用的工程技术，并提出安全生产设计，得出在探矿工程中选择合理探矿技术和安全生产设计，是保证施工安全和探矿工程效率关键的结论，希望对相关单位要有一定帮助。

大量工程实例表明，只有有效的探矿，才能更好地进行矿产资源的开采，但探矿工程的顺利开展需要与之相应的探矿技术，才能在保证探矿效率和准确性的基础上，保证人员和机械设备的安全性。但我国对此方面的研究还不够深入，因此，本节基于理论实践，对探矿工程技术和安全生产设计做了如下分析。

一、地质探矿的主要作用

地质探矿是各项矿产资源获取、开发、利用的前提条件，而只有通过地质探矿，才能准确获得地质矿产资源的具体地质条件，包括：矿产资源的形态、结构、深度等，以及地质矿产资源的成因和规律。从而地质矿产资源的开发和获取，提供真实有效的数据和信息支持，可以促使矿产的开采更加高效。但在实际矿业生产过程中，矿产资源的属性比较特殊，很难被轻易发现，虽然我国地质矿产资源丰富，分布范围比较广，但难以被轻易探测出来，如果在没有掌握各项具体数值的前提下，就进行盲目开采，不但会降低开采效率，而且会增加开采的成本，安全性也难以保证。因此，就需要通过地质探矿来获取该矿区真实有效的设计信息，为后期开采提供必要的参考和支持，确保后期开采工作能顺利开展。

二、目前探矿工程中常用的技术

（1）传统地质勘探技术。根据探矿技术应用原理的不同，传统地质勘探技术大体上可以分为三大类，第一类似是直流电探测技术、第二类是瞬变电磁技术、第三类是地质雷达探测技术。这三种探矿技术各具特点，应用环境也不尽相同，比如：直流电探测技术，是以不同介质的导电性原理，通过地质岩石和矿石中电阻率的不同，来对地质中矿产资源的具体情况进行勘探；瞬变电磁技术则是在特定的时间区域中，通过人工电磁感应来对地质情况进行全方位勘察，可以有效探测出地质构成和分布等信息；地质雷达探测技术主要是通过发生短脉冲高频电磁波，然后通过接收器对发射的电磁波进行全方位分析，从而充分掌握地质层的结构和矿产资源的具体走向。传统地质勘探技术的缺点是如果仅用其中一种探勘技术，则存在较大的局限性，难以真实有效的反应矿产资源的实际情况。

（2）综合地质勘探技术。所谓综合地质勘探技术，就是对多种勘探技术综合应用，包括：钻探技术、测绘技术、通感技术、3S技术等，从土质结构的点、线、面、体、空间等多个角度进行综合分析，从而获取更加三维立体地质结构，为后期开采和利用提供真实有效的参考依据。在具体应用过程中，综合地质勘探技术大体上可以分为三个环节：①地面地震勘探，通过地震勘探法对矿区的断层规律和地质条件进行初步探测，对含水层的分布和含量进行可靠预测，为开矿设计提供全方面的数据支撑；②通过微动测探勘察手段，对地质构造进行测查，就可以全面掌握地质结构；③通过井下钻探方法，对地质中的矿产进行勘察，通过此种方法，可以有效防止漏水情况的发生，而且工程量比较小，投资耗费也比较少，可直观控制水压和水量，而且具有很强的针对性，是一种比较经济实用的探矿技术。

三、探矿工程安全生产技术设计

（1）雨季雷击安全生产设计。在野外空旷地区不应该进入孤立的棚、屋、岗亭等，同时不宜在大树下躲避雷雨，如果情况比较特殊，身体和大树树干之间距离要控制在 3m 以上，呈下蹲双腿并拢的姿势，如果遇到雷雨交加的天气，要立即趴在地面上，以降低遭受雷击的概率。

在平坦或者低洼地段探测时，要双手抱膝，且胸口津贴膝盖，尽量不要低头，而如果发现高压线被雷击断裂现象，切记不能随意跑动，应当双脚并拢，快速跳离现场。

（2）人的安全行为的安全生产设计。探矿人员在进入探矿现场前，要进行一系列培训和安全教育，确保每位从业人员都掌握矿区危险源辨识、当地野外生存、避险和相关应急的能力。并加强作业人人员的安全生产意识和责任感，促使每位人员都能充分认识安全生产的重要性，并自觉遵循下个现场操作规程和规范制度，避免发生不必要的安全事故。同时现场要成立安全管理机组机构，对整个探矿过程进行全方位全过程监督检测，把安全隐患控制在萌芽状态，为探矿工程各项工作的开展，营造一个安全的环境。

（3）场地、设施的安全生产设计。在进行掘井勘探时，要先清除井口上方和附近容易滑下伤人松动和活动的岩石。对井口 2m ~ 3m 进行整平处理，井口的挡板和井口件要进行密封处理。如果井下有人在进行作业，必须有人在井口上方进行监护，以保证井下人员的安全性。井口安装的手摇绞车要进行稳固处理，并在下方垫上 $1500 \times 150 \times 50mm$ 的杉木，垫木和绞车之间用强度螺栓进行紧固，且井口壁和垫木底部进行密封处理，确保各项操作都符合安全规定要求，保证各项工作都能安全、高效的顺利开展。

（4）支护安全生产设计。如果井口土质比较松软或者地层不稳定，需要进行支护加固处理，特别是在多雨的季节，要严格检查井壁，发现松动的石块及时处理，发现裂缝和坍塌迹象必须进行支护稳定，及时消除事故隐患，在进行更换或者加固支架时，必须停止井下探测等作业，以保证人员的安全性。

（5）人员上下井的安全生产设计。凡是上下井的人员，避免根据相应的规范和标准，穿戴好劳动防护用品，在下井时，井上人员要握紧绞车摇柄，紧随上、下井者提升或下降（上时必须卡好防坠棘轮）。相互之间紧密配合，才能保证下井人员的安全。除此之外，在每次下井前，还要全面掌握检测井壁上是否存在松动的岩石，是否有发生坍塌的风险等，确认无误后才能进行下井作业。

（6）装岩提升及装碴安全生产设计。在开始探测前，需检查提升设备，确认质量达标并安全无误后，才能开工。在进行装渣处理时，比较大的石块要先装在底部，避免发生滑落伤人。井上人员在提升时，必须卡好棘轮，井下人员设置好安全挡板后，集中注意力和精力匀速提升，确保提升安全。

综上所述，本节结合理论实践，深入分析了探矿工程技术和安全生产设计，分析结果表明，在地质矿产资源勘探过程中，选择科学合理的探矿技术，并做好安全生产设计，是确保各项工作能顺利开展的主要途径。

第六节　探矿工程对环境的影响及保护

目前，大部分供热供暖需要煤炭资源的应用，社会及人类对煤炭开采的需求量越来越大，给探矿工程带来一定的压力。但是目前存在一些矿区为了盈利而违法开采，造成环境严重影响，施工人员生命安全受到威胁。对于环境的污染主要体现在粉尘及机械运作尾气和有毒气体的排放而导致的大气污染，施工废水、生活污水排放导致的水污染，机械运作产生的噪音污染等；同时给社会造成的影响主要体现在施工具有的危险性，对施工人员造成身心健康的威胁甚至威胁人员生命安全。探矿工程施工带来的损害严重影响社会的发展，给环境造成破坏，影响人类的生产生活。因此，对于探矿工程中对环境的破坏的管理势在必行。

针对现今对矿产资源的需求量大，原有开采矿量的逐年减少，矿藏开发的迫切需求进行探讨。讨论矿藏勘探的重要性与紧迫性，用辩证的方法看待一件事物，探矿工程有利有弊，从而揭示出矿藏大量开发对环境造成了巨大的影响，一一列举造成的危害，进而提出寻找合理有效地整治保护措施刻不容缓。文中立足于如何改变现状，寻找一种人类与自然和谐发展的途径，同时达到社会、经济、环境三者的平衡统一，真正实现自然界的平衡。随着探矿工程范围的不断加大，强度的不断加深，探矿工程与环境保护之间的矛盾日益加深，人类在经济与环境两者面前不能只一味地选取一方。只有找到切而有效地保护措施，才能使自然界得到平衡，才能真正做到人与自然和谐发展。

一、探矿工程的重要作用和意义

探矿工程可以满足矿产资源开发的需要。近年来，随着对矿产资源的大规模开发，原有的矿产已经不能满足需要，因此迫切需要大面积的矿藏以满足矿产资源开发。

随着人类及社会的进步，对于矿产发展的需求大大增多，因此探矿工程逐渐大范围开展。探矿工程的发展预示着时代的进步，人类对其需求量愈大证明社会进步愈来愈快。因此，探矿工程的开展尤为重要，是人类生活依靠的产业也是国家发展的主要途径。

二、探矿工程对自然环境和社会环境造成的影响

对自然环境的影响探矿工程对环境的影响主要表现在以下几个方面：①土地的长时间

占用妨碍了农业生产，导致农作物减产，同时对植被造成破坏。②开采煤矿时产生的大量灰尘造成大气污染严重，导致生态环境破坏，影响人类生产生活。③开采煤矿造成水土流失、泥石流、土质早破坏等自然灾害的发生。④在施工中机械的应用造成严重的噪音污染，影响人类生产生活。探矿工程的施工使大量土质破坏、植被减少。人为破坏例如：灰尘、废气的排放，大气的污染等给生态环境造成严重破坏，造成大气污染、大气层破坏、水土严重污染等现象，给人类生产生活带来严重的危害。

大气污染。大气污染主要体现在勘探中煤矿灰尘、固体颗粒、机械运行尾气及有毒气体的排放等，都是大气污染中主要因素。造成施工周围弥漫有毒气体，长时间吸入造成人类身体健康的破坏，损害肺功能及呼吸道，严重影响人类生命安全。

水污染。水污染的根源是施工中废水的排放、工人生活污水排放、粉尘进入河流等使周围水源、河流造成严重的污染，影响周围生活的居民的用水质量；同时造成河流内生物的污染及死亡。河流污水大量流入海中容易造成海水污染、红潮等现象，导致海里生物遭到破坏，影响渔业及水产养殖的产量。

噪声污染。噪声污染主要体现在探矿施工中机械的应用和矿区爆破所产生的噪音。机械工作量大，数量多，造成很大范围的噪音污染情况。影响人类睡眠质量，影响人类身心健康导致生产生活效率降低。长时间受噪音污染容易导致听力受损。

三、勘探施工中对环境保护提出的相关措施

（1）施工前进行合理的规划和布置。在探矿施工之前进行当地环境的检测，对所施工区域进行全面检测并了解。选择施工地点尽量使用原有勘探工程及道路，不占用多余及其他产业土地资源，使勘探范围尽量避免盲目扩大化。同时避免占用多余土地、农业土地，避免靠近河流水流施工，避免破坏生物植被，避免距离居民区较近，避免造成环境污染及避免机械作业影响居民等现象。使施工前准备工作的规范、完善。施工单位还需注意施工人员的选择，施工前进行施工人员技能培训及各项素质的提高，增强安全防范意识，保证施工的有序开展。

（2）施工中加强防护措施。加大保护力度对施工中产生的废石应选择荒地进行集中堆放，不随意乱丢废弃物。对大型机械产生的废料进行合理的循环再利用，节约成本杜绝浪费。废水排放前应确保达标后选择合适地点排放，不能随意排放。争取集中爆破，减少爆破次数，控制爆破强度，以免对底层造成破坏，避免造成不必要的危害。对于灾害易发区进行严密监控，做到污染与治理相结合的方法，减少灾害发生。加强坑道的通风，防止操作人员有毒气体中毒。坚强管理力度，减少甚至避免塌方等人为灾害的发生。应避免在降水量大的季节进行矿藏勘探，以防止水土流失造成泥石流等灾害发生。

（3）施工后处理残留隐患，降低破坏程度施工结束后，要对坑洞，深槽浅井等进行检查并回填，对周围植被进行恢复，防止塌方及土层的破坏。应对施工现场附近的生活垃

圾，工业废料等进行回收统一处理，避免露天放置造成的污染和破坏周围的生活环境。

矿产是我国重要的一项产业，是我国发展的中的主要支柱之一。探矿工程在人类及社会大量的需求下大范围扩大并发展，同时就带来了很多施工中的问题，严重影响环境及社会。因此对于探矿工程中存在的问题的研究尤为重要。探矿工程中存在违规施工现象，产生对水资源污染、大气污染、噪音污染以及威胁施工人员生命安全，给人类生产生活严重的影响。对此，政府对探矿单位必须进行严格的规范，探矿单位也需要完善管理体制，保证施工前、中、后过程在安全、规范下进行。避免对环境产生严重污染、对于人类的影响、对施工人员生命的威胁等。增加探矿单位的市场竞争力，促进矿产的可持续发展。

第二章　探矿技术研究

第一节　野外探矿技术

数字技术正应用于社会生活的方方面面，在地质领域，野外探矿技术的数字化，为地质勘查行业带来了巨大变化。其中，野外探矿技术方法是我们需要重点研究的内容，因为它关系着野外探矿技术的质量，本节将结合野外探矿技术的方法，对野外探矿技术进行深入探讨。

一、野外探矿技术方法

（一）探矿技术方法

探矿技术方法指的是人员在进行野外作业时，运用一系列寻找矿产资源的手段和方法。运用探矿技术方法的最终目的是为了找到矿产资源的信息，通过此信息进行矿化评价，经过分析和总结找到矿产资源。矿产技术方法种类繁多，按照类型可以分为地球化学找矿法、遥感技术找矿法、工程找矿法和地质找矿法，各种方法需要结合不同的地质状况和地形特征加以运用，在运用完一定的技术方法后，需要收集采取一定的矿产资源信息，反复验证，得出最终结果。采用正确的方法可以大大提高矿产资源发现的概率。

（二）地质找矿方法

在地质找矿方法中，按照类型又可分为地质填图法、砾石找矿法等。地质填图法是一种立足于整体勘察找矿的方法，需要人员在找矿之前深入学习，了解有关地质方面的理论和知识，在找矿时进行全面综合性的查找和分析，清楚地了解矿产区域的岩石构造与地形结构等，根据地形特征判断矿产资源的分布情况。地质填图法的工作原理为：将当地的地形特征画在图纸上，图纸是具有一定比例的，而不是随意大小的。本方法的优点为系统性和全面性，所以在地质勘查中使用广泛。也就是说，在运用所有的找矿方法之前，都需要进行地质填图，因为此项步骤可以清晰全面地了解矿产资源分布状况，地质填图法工作的完成直接关系到野外探矿技术的质量。但在现阶段，由于科学技术在我国的发展程度有限，所以填图工作存在一定弊端，在一些地质特征还未完全搞清楚之前，就开始地质填图，使找矿工作无章可循，存在安全隐患。但是，也有地质填图法运用的比较好的一些例子，也取得了一系列成果。随着科学技术的发展和信息化时代的到来，地质填图法在发展形式上有很大改进，改变了传统的以人为为主的填图方式，发展成为运用计算机网络技术和遥感技术网上成图的方法，图形也由平面图变为三维立体图，图像处理技术更科学高效。

（三）砾石找矿法

砾石找矿法主要是运用地质状况与地形结构来定，根据受外部影响被风化的砾石，这些砾石通常受到重力、流水的侵蚀作用，分布的范围较广，甚至大于矿床。在寻找的过程中可以沿着山坡、冰川等进行追踪，进而寻找到矿床。此种方法开始的时间较早，运用的时间较长，易操作，特别适用于一些具有危险性的地区找寻矿产，如一些高山悬崖、森林等。砾石找矿法按程度也可分为两种，河流碎屑法和冰川漂流法，都与水流相关，前种方法运用最为普遍。

（四）重砂找矿法

重砂找矿法，顾名思义，就是以矿石中的重砂为查找对象，重砂指的是疏散物质中的自然堆积物，它需要找寻的是原生矿与砂矿，当然，在不同的地质状况中，重砂会呈现出不同的态势，甚至在一些区域会出现异常情况，所以这需要进行仔细对比，方可得出结论。正确的方法应该是先考虑重砂所在区域的盆地形态特征及地形特征。重砂法需要对沿线沉积物进行系统取样，尤其是在经过河流、湖泊、山川等地时，会遇到一些沉积物，如河水沉积物、风积物等，在取样之后，需要人员拿到室内进行有效分析，经过一系列取证对比后，得出结论，在此过程中，需要仔细结合当地的地质地形特征及重砂矿物的分布特征来找出重砂异常的区域，通过这些区域找到原生矿床。此种方法同样经过比较长的历史发展，在古代用此方法寻找沙金，由于使用简便易行，所以到目前为止仍在使用，但是重砂法的使用有其局限性，它主要用于性质比较稳定的固体矿产资源，如一些金属矿产，辰砂、锡石、钛砂、绿柱石、独居石等，和一些稀有矿产如金刚石、磷灰石、刚玉等。在找矿方法中，一般不单独使用重砂法，而是与多种方法结合使用，如和地质填图法、遥感等方法一起使用。

二、野外探矿技术数字化

（一）建立野外探矿技术数字化

野外探矿技术的数字化离不开人工智能的发展，更离不开科学技术的进步。野外探矿技术就是要借助科学手段的力量，不断地向前发展。在采集整理数据的基础上，需要对所有数据进行过滤、重组与运算，这一系列的步骤虽然人工也能完成，但是相比之下，人工智能技术能更好地建立起一个包括知识库、采集库、方法库与逻辑库等的更科学的数字化体系，通过这些数据库分析整理，再对这些数据进行识别、决策，最后进行推理。这些工作是人工在短时间内不能完成的，在知识系统建立起之前，人类只用进行远程操控，或者利用机器人完成全部工作，实现探矿技术的真正数字化。

（二）野外探矿技术的数字化在探矿中的运用

野外探矿技术的数字化在探矿中的应用，就是把一些抽象化的概念运用于实际，尤其是将一些数据信息与实际地质情况相结合，定性的研究转化为定量的分析。这样可以加强探矿技术的精准化和科学化。传统上将地质岩石构造划分为三个级别：分别是软、中硬和硬，并且划分的标准也是参照一些形态上和文字上的表述，缺乏数量的分析，现在随着数字化的应用，探矿专业人员能够准确地把岩石构造划分为更多部分，并且更加准确与细致，这些划分结果都用数字来表示，从小到大，从零到一，把所要探测的岩石一一排列，帮助更好地识别岩石，通过计算机完成采集与过滤数据工作，完成野外探矿技术数字化；另外，野外探矿的数字化除了人员操作以外，还需要大量地用到计算机，在此过程中，如果将探测到的信息直接输入计算机，它将难以识别，所以这需要提前将这些信息整理成计算机能识别的数字信息，输入计算机，才能完成统计工作，这也是探矿技术实现数字化的过程。比如在野外操作时，会遇到一些难以用数字表达的危险事故，井涌、井喷等，需要专业人员先用数字语言表述，再转化为计算机中的二进制，使之能准确分析危险事故发生的原因，从而找到正确措施。由于野外探矿技术属于室外操作技术，所以受环境因素影响大，当遇到一些无法探测的环境时，可以采用数字化技术帮助他们完成不可能完成的任务，比如探测地点为一些高山峡谷、深海等人类难以到达的地方，只有利用一些无人探测机或者机器人来帮助完成探矿工作，专业人员在远方就可采集到本来无法采集到的地层数据。

三、野外探矿技术探讨

随着科学技术的发展以及信息化时代的到来，在野外探矿技术中应用数字化技术将有助于地质勘查工作的革新。但在现阶段，由于技术上的不足，我国在地质领域中推广数字化技术还无法在短期内实现。完成野外探矿技术数字化的工作，不仅需要探测人员的努力，还需要社会各界及政府部门的支持。需要做好如下几点。

（一）国家政府予以重视

国家政府所能给野外探矿工作的支持大多数为给予资金上的帮助，或者是为探矿工作建立一个良好的平台，在这个平台上，政府应多鼓励优秀人才和先进技术的引进，在探矿数据采集的背后建立一个大型钻研数据库平台，在这个平台中，能保证探测人员收集到准确可靠的数据资料。在资金上，政府应该投入一部分资金用于支持企业单位购进先进的机械设备，另一部分资金用于采取应急措施，并制定出一些相应的法律和规章用来规范野外探矿技术。

（二）单位应加强人员培训

除了国家予以重视以外，施工单位也要重视起来，不仅在人才任用上要把好关，在人员工作期间也要注意加强培训，定期组织人员学习。学习内容不仅包括数字化专业技能知识，还应包括安全教育，使技术人员对数字化技术有更深的了解，同时树立起安全意识。单位科研部门可以随时关注国内外的科技动态，引进先进产品，并结合自身实际，研发出适合本单位的数字化产品，以提高探矿人员对数字化技术的应用能力。

总之，野外探矿技术涉及一系列复杂的工作，我们要在掌握现代科学技术的基础上，把它和数字化技术有效结合起来，在实事求是、解放思想的基础上对其进行创新，从而促进野外探矿技术的发展，推动地质探测行业的进步。

第二节　固体矿产的区域探矿技术

我国具有辽阔的土地资源，矿产资源也尤为丰富，因此我国地质勘查技术发展时间较早，并具有悠久的历史。勘测技术经过时间的沉淀积累了丰富的经验，在技术上与方法上也得到了一定的发展并趋于成熟。因此，我国很多地区的矿产勘查技术与地质勘查技术都具有一定的先进性，为我国勘查事业做出了巨大的贡献。但是，我国目前的勘查技术与发达国家相比仍然有一定的差距，因此我国勘查单位及技术人员应在探索发展中不断完善勘探技术，总结长期的经验积累，结合先进的科技，并总结出我国矿产的主要特点及其勘探方法，在不同的区域采取不同的勘探技术，灵活运用勘探方法，使矿产资源的勘探质量得到进一步的提高。区域找矿是一种涉及多个学科的综合性技术，其主要内容包括地质工程发生的事件、地质的主要成分以及地质内部存在的主要的化学元素等内容，同时还包括气象学、地质学等科学性的知识。我国科技水平不断发展，先进科技的运用使我国找矿工作得到了一定的技术支持。目前钻探技术已经达到了 20 万千米的深度，预示着我国钻探技术上升到一定的空间。同时，随着区域找矿作业的不断发展，钻探技术会不断提升、深度不断加深。

一、固体矿产区域找矿技术思路分析

确定找矿思路对找矿目标的确定和找矿方向的定位方面有重要影响，确定找矿思路需要结合以往经验和教训以及地质学、地理学相关知识，通过找矿路线和具体思想的确定，为中后期找矿工作和采矿工作打下基础。技术人员的个人思想、经验以及习惯的影响，会造成固体矿产区域找矿思路存在差异性，相应的就会影响找矿方法和具体的找矿流程。通过分析研究，要提高找矿工作效率，首先应明确找矿思路，找矿思路也是后期具体找矿工作和采矿工作的依据。对于现在的大型矿产来说，传统找矿思路已经很难满足需求，因为传统找矿技术主要是针对单一矿种，但是现在的大型矿产一般都有多种矿产资源，势必会受到单一矿种找矿方法的影响，造成找矿效率低下和浪费资源的问题。同样，若过细的区分找矿工作，也会造成资源浪费的问题，由此可见，合适的找矿思路对找矿工作有重要意义。应将矿产资源实际情况和找矿工作的客观影响因素综合起来，确定合适的找矿思路。对于找矿工作人员来说，应详细分析矿产所在地的地壳活动情况，结合矿产开采单位的探测数据，统筹规划，找出矿产可能的分布情况以及矿床来源等信息，这些信息也是具体找矿工作的依据。

二、固体矿产区域找矿的注意要点

通过结合地质学、地理学以及对矿产资源的勘探和分析，获得矿产的具体信息，综合这些信息和数据，预测矿产的大致分布情况，这就是找矿技术方法的主要内容。目前，我国的找矿技术已经趋于成熟，能够利用先进的遥感技术进行探测、找矿，并开发了多种探矿方法，经过广泛的实践应用已经为我国矿产事业做出了巨大的贡献，在产业方面已经逐渐形成了较大的规模，成为我国重要的一项产业。我国地形复杂，找矿工作也尤为困难，因此，要使找矿过程中能够高效进行，必须根据矿区地质的实际情况进行分析，并具有针对性地进行找矿工作。对于固体矿产区域的找矿工作，应结合当地工业发展状况、工业结构情况和自然环境，进行有步骤、针对性较强的固体矿产区域找矿工作。吸取发达国家的经验和先进技术，加强对找矿技术人员的培训，引进先进机械设备，提高技术人员的知识水平和综合素质水平。矿山结构和地质环境不尽相同，所以找矿技术方法也应"因地制宜"，减少找矿工作中出现问题，提高效率，降低成本。

三、固体矿产区域找矿技术分析

我国矿产资源实际情况因地区不同而有所差异，也缺乏一定的集中性。相对于地质条件较差的区域的矿产资源，地质较好的区域矿产资源开采深度能够达到五百米左右，相对较深。我国的区域找矿技术和设备仍然较为落后，造成开采速率较低等问题。虽然我国的找矿技术发展时间很长，但是找矿仍然集中在浅表找矿，深部找矿仍然存在难以克服的困难。我国应重点发展地震勘察、航空物探等先进找矿技术，保证找矿工作的高效率和高准确度。

（一）电勘察找矿技术

调查区域性矿产资源以及查找山区矿产资源可以运用电勘察找矿技术，通过运用激电法和被动源电磁法等先进技术，进行多参数、多功能、准确度高的固体矿产电性测量，获得相关资料和信息，这种方法可以不受时间和地区限制，将不同种类的信息同步，有效保证了区域找矿工作的准确度和高效性。

（二）航空物探找矿技术

航空物探找矿技术主要是将 GPS 技术、遥感技术以及其他技术进行综合运用，以 3S 技术为核心，对沙漠、海洋和山区等进行矿产勘探，通过航空物探技术，能够快速准确的获得矿产资源所在地形资料和地质情况资料。运用这些资料，能够保证找矿工作的高效率和高准确度。

（三）物探智能化多参数互约束解释系统

为提高找矿工作中解决地质问题的能力，需要综合运用多种找矿技术，结合矿产资源实际情况运用智能化、计算机技术和自动化技术等。运用物探智能化多参数互约束解释系统，需要反复演练工程中的实行单参数，综合运用联合反演、互约束反演等技术系统，实现可视化、动态化管理矿产资源信息。

（四）地震勘察技术的运用

若地质条件较为复杂，可以采用完善的地质勘查技术，详细的探测矿区目标的深浅程度，分析多种地震波。如果矿产区域地质条件复杂或者是金属矿区，可以采用地震勘察技术，物理和数学模拟分析地震波，以提高找矿准确度和效率。

（五）化探找矿技术

地质测试中化探分析是其重要的一部分，其中地质测试是影响地质找矿的重要原因，因此，化探分析对于地质找矿尤为重要。其找矿过程中使用的重要技术及设备是先进的测试技术及仪器，包括电感耦合、石墨炉原子吸收等先进仪器，再运用化探分析技术进行分析，从而进行找矿工作。

总而言之，对于固体矿产区进行具体的分析及测试，能够及时发现存在矿产资源的地区，并利用找矿技术及仪器进行矿产资源的开发与利用。本节主要分析了固体矿产区进行找矿的现状，并针对测试技术及仪器进行了具体的分析，分析了在找矿过程中应该注意的找矿要点。同时研究了先进的探矿技术及其应用的主要特点，为我国固体矿产的开发与利用提供了基础数据参考。

第三节 矿山地质探矿工程技术

矿山地质探矿工程是一项复杂且具有高危险性的工程。随着时代的发展，人们越来越注重矿山地质探矿工程的安全性，但是目前的矿产资源越来越集中于深层，这无疑给原本危险性就高的矿山地质探矿工程又增添了安全隐患。矿山地质探矿工程也得到了一定的发展，但是这逐渐暴露出一些致命性问题。本节将从矿山地质探矿工程技术现状出发，深入分析探矿工程技术要点。

一、探矿工程选择的方式

探矿工程选择方式对于之后的工作效率以及工程质量都有很大的影响，因此，在前期就要结合矿产分布的实际情况，选择科学合理的探矿工程方式。一般来说，根据矿质的类型和分布，来进行单一方法或者多种方法结合的探矿工程方式。

（1）矿山企业根据所设定的任务，一般在初期时多选择物探、井探以及槽探等探矿工程。在全面勘探时期，单一的方法不能满足其需求，一般都是多种方法结合来进行矿山地质探矿工程。通常来说，主要方式为坑探以及钻探，配合对象一般选择为物探以及其他的工作。

（2）如何进行探矿工程的选择还要依据矿山地质条件。矿体、矿床等都是重要的参考依据。如果矿体结构比较简单、分布方面也呈现均匀、没有矿体的缺失和错段现象、矿体规模较大时，可以通过钻孔探矿的方式来确定地质矿体。但是如果矿体的形态比较复杂，且规模化大，那么单一的技术方式无法准确地确定地质矿体，需要采用多种技术结合的方式进行，一般来说可以选择坑探与钻探结合的方式。

二、我国矿山地质探矿工程现状分析

我国矿山地质探矿工程的发展在较短时间内得到提升，但是与国外发达国家相比，在其具体实践中还是存在很多的问题，制约着这个行业的健康发展。目前矿山地质探矿工程的问题主要集中在三个方面：一是探矿方式选择方面存在不合理性；二是探矿位置选取失误；三是施工企业缺乏施工前的实地考察；四是技术手段方面的落后。

（1）探矿方式选择方面存在不合理。探矿方式的选择如果不合理极易发生安全事故，制约整个工程的推进过程。矿山地质探矿方式多样化，这种多样化使得相关施工人员在具体选择上需要下功夫，根据工程的实际情况选择合适的探矿方式。常见的矿山地质探矿方式有井探、槽探、坑探以及钻探。这些技术方式各有优点，也分别适应于不同的矿产对象。但是有的施工团队在施工的过程中过于主观性和片面性，往往只是根据以往的工作经验来选择探矿方式，根本没有考虑到所选择的方式与实际是不是相符合。在进行探矿方式选择时一定要进行一定的考察工作，在科学的依据下进行探矿方式的选择，避免由于主观因素而带来的选择失误。

（2）探矿位置选取失误。我国矿产有大型的，也有小型的。对于小型矿场来说，其矿产分布的范围较小、种类和数量也远远不如大型矿场矿产资源那般丰富。所以在对探矿位置进行选择时，尤其是小型矿场的探矿位置进行选择时，必须要谨慎选择。如果因为某些因素而出现位置选择的失误，那么其后果也是十分严重的。不仅仅会带来财产的损失，严重时也会对相关人员的生命安全造成威胁。

（3）施工企业缺乏施工前的实地考察。并不是所有的矿山地貌都是一样的，正如"世界上没有相同的两片叶子"般，世界上也没有相同的两处矿山。所以对一座矿山开矿的方式不能直接搬到另一处矿山的开矿工程中去。基于这种情况，相关人员在进行矿山开矿任务时，都要在前期进行一个实地勘查，确定该地区的地形地貌、植物动物分布等一些基本的情况。通过实际勘查，做好充足的准备工作，以避免后期意外的发生。

（4）技术手段方面的落后。由于矿质资源分布情况的改变，浅层或者说表面的矿产资源已经基本都被开采完了，剩余的矿产资源大多分布在深处，对于深处矿产资源的开发需要依靠更高技术含量的手段，这样才能保证开矿工程的质量和效率，同时也能保证相关人员的安全。

三、矿山地质探矿工程技术要点分析

矿山地质探矿工程技术是一项复杂的技术，在技术的应用方面要牢牢掌握技术要点，这样才能正确运用技术来进行矿产资源的开发。

（一）探测民窟时的技术要点

在实际开矿过程中，常常会遇到一些不完整的矿山地区，这些矿山地区不完整地方在于其被一些居民挖掘过，这种不完整性也随之带来了一些安全问题，因此在对这种类型的矿山进行开矿工程时要从以下几个方面进行注意。①确保空气的安全性。民窟内的气体成分是否安全，是否需要自带氧气管，这些都要提前通过检查来确保。民窟内的气体成分是不是包含有毒气体，能否满足人们的呼吸需求。同时空气的湿度，也就是空气所包含的水分是不是在人们的承受范围之内。②做好防护措施。首先进入民窟的工作人员都要佩戴一定的安全防护设备，在人数方面也要有控制，一般都是在两名以上。在探测的过程中为了实现团队合作，人与人之间的距离有控制得当，不能太近。另外民窟内可能会出现一些有毒的生物或者有攻击性的猛兽，这些情况在进入之前都要考虑到，在民窟内的动作幅度不要太大，缓慢前进，避免出现的意外事故。

（二）了解探矿区域的地质情况

在探矿的过程中需要对相关的地质、地貌做一个充分的了解，进行开采矿场的规格和大小也要掌握了解。施工单位要通过一系列的勘探，掌握相关矿山的形态、大小、骨骼以及数量等系列数据。依靠这些数据才能科学选择探矿的方式。

（三）矿山地质槽探工程施工技术要点

槽探作为一种常见的施工方式，在矿山地质探矿中具有十分重要的地位。第一，槽的选用并不是随心所欲，而是需要在一定的宽度和深度的限制范围内，此外，两边的坡度也与探槽的长度有着密切的关系。第二，保证槽壁的平衡与平整。第三，面对较为陡峭的区域，上槽与下槽的工作要进行合适的调整。第三，施工人员不可以在探槽内休息，在工作时必须保证清醒的头脑。第四，人工进行挖掘深槽，不能对底部进行探槽的挖掘，这样容易出现危险事故。

（四）矿山地质坑探工程施工技术要点

首先要选择合适的矿进口，既要满足地质要求，又要满足安全性。另外，保证坑的形状、大小符合设计的要求与规范。

传统的矿山地质探矿技术已经不能够满足时代发展的要求，新时代背景下，探矿技术需要进一步发展，在注入更多的技术含量的前提下，做好质量性、安全性、效率性的把关工作。矿产资源的开发是经济发展的动力，同时也要做好生态环境的保护工作。

第四节　深部探矿钻探特点及技术

中国地域广阔，拥有丰富的矿产资源。当前发现的矿产资源中，超过60%是分布在地下的，这就需要探矿钻探技术。由于中国的地质探矿发展比较晚，钻探技术水平不是很高，平均探矿深度在300米至500米以内，导致了中国的深部探矿与国际上存在一定的差距，不利于中国深部探矿工作的进一步发展。因此，相关的技术研究人员就要对钻探技术进一步研究，特别是深部钻探技术。

一、深部探矿钻探所具备的特点

与浅部探矿和露天探矿相比较，深部探矿主要是用于深部地壳的探矿。地质探矿人员在深井中使用钻探技术进行地层探矿。深部探矿钻探主要有以下的特点。

（1）在钻探的过程中会遇到各种类型的地层。需要在进行深部探矿之前做好各项准备工作，先钻浅地层，之后逐渐深入。在钻探的过程中，要考虑到地层的类型，这些地层都是年代久远，经历不断变化形成的，都是古老的地层。比如，济宁铁矿在深部探矿钻探的过程中，就遇到马家沟组灰岩、长庆组灰岩、九龙组灰岩、白云岩以及硅质绢云母千枚岩等不同类型岩层。钻井的时候就需要大直径的钻孔，来解决井壁坍塌的问题。

（2）地层复杂。深部探矿钻探的过程中，必然受到地质构造的影响，特别是在勘察金属矿产的时候，由于地层类型的多样以及各种地质因素的影响，就会导致探矿结果不准确。比如，对各种矿石，包括铁矿石、银矿石、金矿石、铜矿石等进行对比，由于矿层底部存在复杂的地质环境，构造不断地运动，断裂带不断地发育，就出现地层不稳定的现象。在一些地层中还含有水，也是重要的不稳定因素。地层中的泥浆、岩石都会导致地层的不稳定，呈现出弱磨性的滑动，或者渗入到地层中，由于钻探的时间要相对较长一些，也会导致孔壁失去稳定性。地层暴露后，随着钻探时间的延长，地层也必然会受到钻探的影响产生变化。当钻探的过程中遇到硬滑地层的时候，就会损坏到钻头，钻井效率必然受到影响。

（3）钻孔倾斜预防困难。在进行深部探矿钻探的时候，很容易遇到叶理发育或层理发育较好的地层。岩石本身的各向异性会在钻探的过程造成倾斜预防困难的现象，当出现钻孔倾斜的时候，很难解决。对钻井技术予以优化，不仅可以提高深部探矿钻井质量，还能保证进度。

二、深部探矿钻探技术的要点

针对上述关于深部探矿钻探特点的分析，可以明确在深部探矿钻探的过程中会出现一些常见的现象，就需要在技术上做出相应的调整，保证技术操作到位，提高钻探质量。本研究的技术要点主要包括三个方面，即复杂地层钻探技术要点、断层泥钻探技术要点和定向钻探技术要点。具体如下。

（一）深部探矿钻探中关于复杂地层的钻探技术要点

由河流作用、矿物岩石、风化作用等形成的复杂地层，岩石本身是一种弱固结地层，其中岩石颗粒的键值是相对比较低的。该类型地层对于钻具的使用应具有选择性，以保证探矿钻探工作顺利展开，且获得事半功倍的效果。当进入到钻井作业环节，就要对钻井的速度合理控制，对钻井所在位置准确把握，对影响因素合理控制，避免对钻探工作产生负面作用，使得孔壁出现跌落的现象或者断裂的现象。钻探中所使用的冲洗液的黏度可以提高岩石颗粒的低黏附性，对孔壁上出现的岩石颗粒要进行处理，使其增加与岩石之间的结合度。泥浆泵在运行的过程中要控制好，以避免导致井壁坍塌或者井壁损坏的问题。因此，有必要做好失水控制工作。比如，在处理页岩地层的过程中，需要将失水控制在8毫升至10毫升之间，以减少泥页岩地层下降的问题，避免产生塌陷的现象或者渗漏现象。在施工的过程中使用高盐钻井液，主要的目的是为了减小溶蚀作用，避免地层盐岩对钻孔直径产生影响。

当探矿钻探的过程中遇到破碎程度较高的地层的时候，就需要采取一定的堵漏措施，采用灌注活性物质或者使用胶结物质，可以使得地层松散或固结破碎的岩石不断凝固，不会在钻探中脱落，由此提高了岩石表面的稳定性，以在钻孔前增加岩石强度。当然，也可以使用经历泡沫泥浆钻井或者采用套管技术，用以密封破碎的岩石段，对岩石起到很好的加固的作用。

（二）深部探矿钻探中关于断层泥孔段钻探技术要点

深部地层会在地质运动的影响下出现断层泥现象。在此类地层中钻井作业，就要对关键点予以有效控制。比如，完成裂隙区岩层的钻孔之后，通常会产生塑性流动的问题，由此出现卡钻现象或者缩颈现象。裂隙地区的岩石地层长期在高应力作用下，也会出现地层内部应力不平衡的问题。这类地层常含有蒙脱土型等粘土质，易出现吸水膨胀引起缩颈的问题。此外，挖岩石表面积比较大，而且质量很好。当碰到水的时候，它会将钻杆夹住，从而增加了拉钻杆的难度。所以，在钻井的过程中，要控制好矿井内失水的问题，通常失水量为每半小时 8 毫克至 10 毫克为宜。对润滑度控制好之后，需要在泥浆中加入一定浓度的植物油，要求浓度控制在 6% 至 10% 之间。

（三）深部探矿钻探中关于定向钻探技术要点

深部探矿中支孔的钻孔和主孔的钻孔是重要的施工环节。在钻井的过程中，要掌握定向钻井技术的要点，控制钻井力，将钻井的精度控制在半米之内。采用定向钻进技术，在卤素矿的探矿钻矿中可以获得良好的效果。在深部探矿钻井的过程中，在钻井之前要做好各项准备工作，避免降低钻井技术效率，影响钻井质量。

随着技术的不断发展，钻井技术也会不断进步，比如在钻井数据方面，从理论、钻进设计、钻进调试、钻进、测量等方面实现了精确化。钻井作业与数据分析同步进行，可以提高工作效率。所以，定向钻井技术的应用中，要将技术优势发挥出来，要做到钻杆与钻柱应综合应用，使钻杆受力平衡。此外，还应注意钻杆的润滑和维护，减少摩擦和阻力，由此提高钻杆效率。当钻井的深度已经达到 50 米的时候，就要测量好钻孔的角度以及其承受力的程度，之后根据测量的结果对钻井力以及钻井的角度做出调整，使得钻井的难度降低。当钻井的深度超过 150 米的时候，要适当地增加钻杆的直径以及壁厚。并选用高强度绳芯钻杆。

综上所述，我国矿产资源深部探矿与钻探技术的使用意义重大。因此，相关人员正在进行深度探矿的时候，就要掌握技术要点。在钻井技术的应用中，为了提高探矿水平，需要合理应用技术。为了保证技术的应用质量和应用效率，要对深部探矿钻探技术深入研究，提高其应用价值，对我国矿产资源的安全可靠开采起到一定的促进作用。

第五节　矿山地质探矿工程的安全技术

　　为了提高矿山地质探矿工程的施工安全，本节结合实际，在分析当前探矿工程开展存在的安全难点问题的同时，对相关的安全技术的实践要点进行分析研究，希望可以给相关工作人员提供参考。

　　矿产资源是我国经济与发展的重要基础，甚至会关系到国民的正常生活。随着我国工业化高速发展，对于矿产资源的需求量在逐步地增大。而地质探矿施工是进行矿产资源开采的重要方式，其对于我国工业化的发展有着积极的促进作用。但是我国矿产资源开采因为受到很多因素的影响，导致一些安全隐患无法保证，对于矿山地质探矿工作造成较大的不利影响，并且对于探矿施工技术质量要求也将逐步提高。基于此，本节重点分析矿山地质探矿中的一些安全问题，可以总结出相应的应对措施，更好的使得地质探矿可以顺利进行。

一、探矿工程中的诸多不利因素

（一）探矿技术水平相对落后

　　随着我国地质探矿技术的高速发展，水平得到了很大的提升，但是和西方国家对比分析，我国的探矿技术水平还总体较低，目前主要应用的是槽探法和钻探法来进行。在探矿施工环节，探矿工作人员要考虑到当地的地形条件等信息，应该选择合适的探矿施工方式。很多企业探矿施工环节，没有考虑到矿山的具体情况，只是按照相应的经验来进行，没有严格按照技术标准要求进行全面的审查与管理。

（二）探矿选址不科学

　　每个矿区中的土质条件都是不同的，地质探矿实施环节，因为工作人员没有充分的了解地质条件和地形条件，只是按照以往的经验来进行，导致工程的安全风险比较大。比如我国南方地区中，矿产资源比较丰富，但是很多都是小型矿山项目，如果探矿工作人员没有深入了解地质条件，或者选址不合理，会造成严重的安全事故发生，造成巨大的损失。

（三）安全意识薄弱，自我防护能力较弱

　　探矿工作在实施中，管理的核心就是要保证工作人员的身体安全。矿区内部的施工环境异常复杂，很多探矿人员都是按照以往的经验来进行施工，没有加强安全监督管理。一旦在探矿实施环节，如果发生紧急情况，管理和施工人员都不能有效的应对，比如在深山中遭遇野兽攻击之下，探矿人员不能及时采取必要的防护处理措施，就会导致工作人员受伤。

（四）相关的法律法规亟待完善

虽然目前我国矿山资源的开采进入到快速发展阶段，给经济与社会的发展提供了有力的支持，但是却没有引起我国政府部门足够的重视。因为生产技术相对比较差，管理制度也存在明显缺陷，再加上当前的很多法律法规制度亟待完善，所以导致资源浪费严重，也存在着比较严重的环境污染问题，给人类的生存和发展造成非常不良的影响。

二、探矿工程解决安全问题的主要措施

（一）投入更多资金来研发新型探矿技术

上文中已经发现，我国探矿技术较之世界先进水平来说还有很大的差距，所以需要全面的投入更多的资金来进行新型技术的研发，同时也需要引进先进的国外设备，配备足够安全防护设备，积极改善我国的探矿工程领域的安全问题。此外，还需要加强探矿人员的培训和教育，学习先进的探矿技术知识，掌握足够的技能，为探矿工作的有效展开奠定基础。

（二）完善探矿法律体系，保证探矿施工安全性

地质探矿是一项非常重要的民生基础工程，政府需要发挥出重要的监督管理作用。首先，政府部门应该根据目前的实际情况制定出完善的探矿法律体系，以全面的提升地质探矿施工的安全性。采取必要的岗位责任制，要明确探矿工作岗位的主要职责，具备较强的责任管理意识，明确每个工作人员的责任，确保人员安全性。其次，应该进行探矿设备应用状况的记录，一旦发现存在设备运行的问题要及时更换，可以有效的排除所存在的风险和问题。禁止在探矿施工中有先污染后治理的情况，应该在探矿过程中就要采取必要的防护措施，避免给生态环境造成不良的影响。

（三）制定合理的规划，科学选择采矿地址

在地质探矿选址的过程中，应该充分的了解矿山地形条件和地质状况。对于不同矿山地质条件来说，要制定出切实可行的工作规划，保证选址的准确性。首先，应该进行矿山结构的调查，了解矿山组成形态。其次，要了解矿脉的数量与规模，对于各项技术参数进行总结和分析，给探矿施工奠定基础。最后，应该明确进行矿区地质环境的区分，从而确定合理矿山地址，以更好的保证人员的生命安全。

（四）探矿工程中应用坑探方式

坑探是目前矿山地质探矿工程中最为主要的操作方式，尤其是在矿山生产环节中应用。探矿可以更好地控制矿体，可以实现资源的有利开采。在该技术应用环节，需要注意以下几点问题。

首先，坑探技术的应用主要是进行探矿井口的选择，在井口位置的确定环节，要考虑到当地的地质条件，要选择在洪水或者雨水影响较小的区域，并且地质结构坚固和稳定，从而可以提升工程的安全性。

其次，坑探方式应用环节，要严格按照设计方案来进行深坑施工，要确定探坑的规格和参数。同时还需要在探坑中合理的布置排水到系统，以确保内部积水能够有效地排出。此外，探坑挖掘环节，坑口角度应该沿着挖掘方向向上扬起 4/1000。

第三，探坑开挖施工环节，需要采取科学合理的支护方式，尤其是对于地质条件较差或者容易发生坍塌的问题，以保证探矿环节的稳定性。支护主体结构的直径不能小于12cm，布置间隔距离为 50-100cm，如此可以大大提升探坑结构的安全性和稳定性。

最后，探坑坑道向外延伸开挖施工环节，需要有效的清理坑口和坑道顶部位置上的碎石、砂土等杂物，同时需要确保内部的湿润度在合理的范围内。对于应该使用爆破的方式来进行开挖的坑道结构，要合理的确定火药使用量，并且需要进行现场人员清场，以保证所有人员的生命安全。

矿产资源是非常重要的，对于国家和社会的发展都是非常重要的，在矿山地质探矿环节，应该充分分析其存在的安全问题，积极改善当前的实际情况，从而大大提升探矿施工安全性，保证矿山开采顺利进行，推动社会的发展和进步。

第六节 探矿工程技术与低碳经济

探矿工程技术的发展与研究伴随着我国能源开发事业的发展与进步，为了能够更好地保证矿产开发事业的发展效率可以有所提升，就应该对探矿工程技术提高重视，只有这样才能从根本上促进我国矿产资源的开发与利用，保证低碳经济的发展，与此同时还能够不断促进我国的经济发展。本节主要探究的就是探矿工程技术与低碳经济，希望通过全文的详细论述，能够给相关部门工作提出建设性意见或者建议，从而保证社会经济的持续发展。

一、低碳经济的发展趋势和特点

随着时代的进步，我国经济发展越来越高速，正因为如此，对于资源的利用与开发效率也有了更高的要求。为了保证我国低碳经济的发展趋势能够与日俱增，相关部门应该关注资源的合理开发，而不是一味地浪费或者损耗资源。所谓的低碳经济就是在促进社会发展的同时能够降低能源的浪费，保证可持续发展理念，为社会经济发展的方向提供指导意见。只有全面普及我国低碳经济意识，才能够从根本上促进我国经济发展，保证未来的经济建设更加稳定持久。

（一）低碳经济成为经济发展的新模式

正是由于整个社会的发展速度不断提升，因此越来越多的人开始重视低碳经济的开发与建设，所谓低碳经济发展模式就是在实际的经济运营过程中，采取的方式以及理念都是围绕低碳展开，也就是说在可持续发展理念的指导下进行相应的经济开发活动，只有这样才能够保证国民经济在发展的同时还可以有效促进社会环境的优化。目前，低碳经济发展模式主要是由三低三高组成，而三低主要是指低能耗、低污染和低排放，三高主要是指高效能、高效率和高效益，因此，低碳经济模式就是在以上几点的指导下进行相应方式的开发与建设，保证经济发展处于健康绿色的状态。节能减排是低碳经济发展模式中的一种良好体现，只有最大程度地节约资源，才能够减少温室气体的排放，从而保证环境不被破坏，最终实现可持续发展与低碳经济结合的目的。

（二）低碳经济发展模式更重视节能

在发展低碳经济模式过程中，主要重视的就是节能。一直以来我国的资源浪费以及生态破坏现象都是比较严重的，根据目前已有的数据显示，我国能源系统效率比较低，与国际先进水平相比，相差比较大。同时，城市环境污染也是比较严重的，所以为了能够保证城市建设效率更高，最主要的就是要重视重工业产业中电力、钢铁以及石化等生产耗能较大的产业的发展，只有保证以上多个行业的发展能源消耗能够有所控制，那么节能工作才能够从根本上得到优化。

（三）低碳经济是一种新的产业革命

之所以应该重视低碳经济的发展与开发，是由于低碳经济可以说是一种全新的产业革命，这种革命形势主要是通过改善传统的能源消耗方式以及能源开发方式，在提升效率的同时可以有效地优化能源结构，这样一来才能够不断促进低碳技术与产品的开发利用效率有所提升，同时还能够达到更好的生态环境保护效果，使得我国社会、经济以及生活等不同的方面发展效率更高。正是由于低碳经济不断促进我国生态文明建设和社会主义发展，所以低碳经济可以说是一种全新的产业革命，而这种产业革命对于社会经济发展来说是非常关键的。因此，相关部门对此应该提高重视。

二、探矿工程技术与低碳经济

为了保证低碳经济发展能够更加顺利，最主要的就是开发更先进的技术，保证探矿工程发展效率能够有所提升，从而促进我国社会经济的发展。探矿工程技术的开发效果一直以来都是目前社会关注的焦点，所以要想保证低碳经济的发展模式愈来愈好，相关部门对于技术质量的提升应该予以更多的关注度。下面论述的就是探矿工程技术与低碳经济发展的联系：

（1）明确探矿工程技术的发展现状，保证探矿工程过程中钻探的方式应用，这样才能够找出更多的能源，同时还可以有效发掘出更多的清洁型能源，而一旦清洁型能源被大力开发，就能够代替传统能源为社会提供动力，提升能源利用效率，同时还可以降低对社会以及环境的污染程度。因此对于低碳经济也是存在很大的促进作用的。

（2）提升探矿工程技术的应用不仅仅有助于低碳经济的发展，还能够不断扩大其服务范围以及领域，保证各种资源的开发效率。所以，重视探矿工程技术的发展是非常关键的。

三、探矿工程技术在能源勘探中的应用

（一）钻探工程技术在地热能中的作用

利用探矿工程技术能够有效得到地热能，而利用地热能可以保证全国各地的能源消耗大部分被清洁型能源代替，久而久之就能够实现能源的低碳利用与循环。目前，开发地热能需要进行大量的钻探工作，所以，钻探技术在其过程中尤为重要。

（二）钻探工程技术在干热岩热能中的作用

钻探技术在干热岩热能的勘探中发挥着重要作用，在开发和勘探过程中，首先通过深井将压水注入低下2000～6000m的岩石，使钻探设备渗透进入岩层缝隙并且吸收地热能量，将岩石裂缝中的高温水和气提取到地面，最后通过热交换地面循环装置用于发电。

通过全文的详细论述，我们能够十分清楚地看出构建和谐社会，保证经济发展过程中最关键的就是重视能源的开发与利用，只有从根本上降低能源的浪费，才能够保证低碳经济的可持续发展，从而解决目前人类社会面临的多种环境以及资源紧张问题。总而言之，只有不断地研究与探索，提升探矿工程技术的应用效果，保证低碳经济的发展效率，才能够从根本上提升我国低碳经济发展的效率，与此同时还可以有效地促进我国社会经济的发展，保证国民生活质量能够有所提升。

第七节　探矿工程技术和安全生产设计

本节针对探矿工程技术和安全生产技术，结合理论实践，简要阐述地质探矿作用的基础上，分析了目前探矿中常用的工程技术，并提出安全生产设计，得出在探矿工程中选择合理探矿技术和安全生产设计，是保证施工安全和探矿工程效率关键的结论，希望对相关单位能有一定帮助。

大量工程实例表明，只有有效的探矿，才能更好地进行矿产资源的开采，但探矿工程的顺利开展需要与之相应的探矿技术，才能在保证探矿效率和准确性的基础上，保证人员和机械设备的安全性。但我国对此方面的研究还不够深入，因此，本节基于理论实践，对探矿工程技术和安全生产设计做了如下分析。

一、地质探矿的主要作用

地质探矿是各项矿产资源获取、开发、利用的前提条件，而只有通过地质探矿，才能准确获得地质矿产资源的具体地质条件，包括：矿产资源的形态、结构、深度等，以及地质矿产资源的成因和规律。地质矿产资源的开发和获取，需要真实有效的数据和信息支持，从而促使矿产的开采更加高效。但在实际矿业生产过程中，矿产资源的属性比较特殊，很难被轻易发现，虽然我国地质矿产资源丰富，分布范围比较广，但难以被轻易探测出来，如果在没有掌握各项具体数值的前提下，就进行盲目开采，不但会降低开采效率，而且会增加开采的成本，安全性也难以保证。因此，就需要通过地质探矿来获取该矿区真实有效的设计信息，为后期开采提供必要的参考和支持，确保后期开采工作能顺利开展。

二、目前探矿工程中常用的技术

（1）传统地质勘查技术。根据探矿技术应用原理的不同，传统地质勘查技术大体上可以分为三大类，第一类似是直流电探测技术、第二类是瞬变电磁技术、第三类是地质雷达探测技术。这三种探矿技术各具特点，应用环境也不尽相同，比如：直流电探测技术，是以不同介质的到电差性原理，通过地质岩石和矿石中电阻率的不同，来对地质中矿产资源的具体情况进行勘探；瞬变电磁技术则是在特定的时间区域中，通过人工电磁感应来对地质情况进行全方位勘察，可以有效探测出地质构成和分布等信息；地质雷达探测技术主要是通过发生短脉冲高频电磁波，然后通过接收器对发射的电磁波进行全方位分析，从而充分掌握地质层的结构和矿产资源的具体走向。传统地质勘查技术的缺点是如果仅用其中一种探勘技术，则存在较大的局限性，难以真实有效的反应矿产资源的实际情况。

（2）综合地质勘查技术。所谓综合地质勘查技术，就是对多种勘探技术综合应用，包括：钻探技术、测绘技术、通感技术、3S技术等，从土质结构的点、线、面、体、空间等多个角度进行综合分析，从而获取更加三维立体地质结构，为后期开采和利用提供真实有效的参考依据。在具体应用过程中，综合地质勘查技术大体上可以分为三个环节：①地面地震勘探，通过地震勘探法对矿区的断层规律和地质条件进行初步探测，对含水层的分布和含量进行可靠预测，为开矿设计提供全方面的数据支撑；②通过微动测探勘察手段，对地质构造进行测查，就可以全面掌握地质结构；③通过井下钻探方法，对地质中的矿产进行勘察，通过此种方法，可以有效防止漏水情况的发生，而且工程量比较小，投资耗费也比较少，可直观控制水压和水量，具有很强的针对性，是一种比较经济实用的探矿技术。

三、探矿工程安全生产技术设计

（1）雨季雷击安全生产设计。在野外空旷地区不应该进入孤立的棚、屋、岗亭等，同时不宜在大树下躲避雷雨，如果情况比较特殊，身体和大树树干之间距离要控制在 3m 以上，呈下蹲双腿并拢的姿势，如果遇到雷雨交加的天气，要立即趴在地面上，以降低遭受雷击的概率。

在平坦或者低洼地段探测时，要双手抱膝，且胸口津贴膝盖，尽量不要低头，而如果发现高压线被雷击断裂现象，切记不能随意跑动，应当双脚并拢，快速跳离现场。

（2）人的安全行为的安全生产设计。探矿人员在进入探矿现场前，要进行一系列培训和安全教育，确保每位从业人员都掌握矿区危险源辨识、当地野外生存、避险和相关应急的能力。并加强作业人员的安全生产意识和责任感，促使每位人员都能充分认识安全生产的重要性，并自觉遵循下个现场操作规程和规范制度，避免发生不必要的安全事故。同时现场要成立安全管理机组机构，对整个探矿过程进行全方位、全过程监督检测，把安全隐患控制在萌芽状态，为探矿工程各项工作的开展，营造一个安全的环境。

（3）场地、设施的安全生产设计。在进行掘井勘探时，要先清除井口上方和附近容易滑下伤人松动和活动的岩石。对井口 2m ~ 3m 进行整平处理，井口的挡板和井口件要进行密封处理。如果井下有人在进行作业，必须有人在井口上方进行监护，以保证井下人员的安全性。井口安装的手摇绞车要进行稳固处理，并在下方垫上 1500×150×50mm 的杉木，垫木和绞车之间用强度螺栓进行紧固，且井口壁和垫木底部进行密封处理，确保各项操作都符合安全规定要求，保证各项工作都能安全、高效的顺利开展。

（4）支护安全生产设计。如果井口土质比较松软或者地层不稳定，需要进行支护加固处理，特别是在多雨的季节，要严格检查井壁，发现松动的石块及时处理，发现裂缝和坍塌迹象必须进行支护稳定，及时消除事故隐患，在进行更换或者加固支架时，必须停止井下探测等作业，以保证人员的安全性。

（5）人员上下井的安全生产设计。凡是上下井的人员，避免根据相应的规范和标准，穿戴好劳动防护用品，在下井时，井上人员要握紧绞车摇柄，紧随上、下井者提升或下降（上时必须卡好防坠棘轮）。相互之间紧密配合，才能保证下井人员的安全。除此之外，在每次下井前，还要全面掌握检测井壁上是否存在松动的岩石，是否有发生坍塌的风险等，确认无误后才能进行下井作业。

（6）装岩提升及装碴安全生产设计。在开始探测前，比检查提升设备，确认质量达标并安全无误后，才能开工生产，在进行装渣处理时，比较大的石块要先装在底部，避免发生滑落伤人。井上人员在提升时，必须卡好棘轮，井下人员设置好安全挡板后，集中注意力和精力匀速提升，确保提升安全。

综上所述，本节结合理论实践，深入分析了探矿工程技术和安全生产设计，分析结果表明，在地质矿产资源勘探过程中，选择科学合理的探矿技术，并做好安全生产设计，是确保各项工作能顺利开展的主要途径。

第八节　新形势下探矿工程新技术推广

探矿工程在经历 20 世纪 80 年代的辉煌和十多年的沉寂之后，目前正面临一个新的快速发展期。为保证地质大调查和资源勘查钻探工程顺利完成，逐步恢复和提高钻探生产水平，有必要探讨新形势下探矿工程新技术的推广应用，组建探矿工程新技术推广示范中心。

前言：进入 21 世纪，以高新技术为主要标志的科技进步日新月异，经济和社会发展主要依靠技术创新和创新性应用的趋势愈来愈明显，科技进步日益成为推动社会进步的重要力量。地质工作是国民经济和社会发展的基础和先导，是基础工业和基础设施建设的前期和超前期工作。地质钻探则在地质工作中占据重要的地位，具有不可替代的重要作用。

一、探讨新形势下探矿工程新技术推广模式的必要性

（一）钻探技术水平是地质调查工作质量的重要保障

通过岩心钻探施工，可以获取地下岩矿心，从而确定矿体的类型、品位、地下赋存形态、空间位置等，最终计算出矿产储量，做出开采技术经济价值分析。钻孔还是物探测井、水文观测试验等其他勘查方法的唯一工作通道。投入岩心钻探工程的人力、物力、财力亦是最多的。探明一处可供矿山建设的矿产地（储量），钻探工程投入占地质勘查项目总投入的 60%～85%。在水文地质与工程地质勘查工作中，钻探工程是为探查地下水的埋藏、运动规律、水质、水量等水文地质条件及岩土工程力学性质而普遍采用的一种最重要的技术方法。

（二）令人担忧的钻探新技术推广现状

岩心钻探生产技术水平低：自 20 世纪 80 年代中期开始，随着国家计划内探矿工程工作量锐减，各省、直辖市、自治区探矿工程管理、科研推广机构相继解散，钻探生产技术管理体系几乎荡然无存。今日，随着新的地质找矿高潮的到来，钻探工作量大幅度回升，在工程市场上拼搏了多年的部分探矿工程主力部队又转回到了固体矿产钻探施工中，但此时钻探装备已经陈旧落后，地质岩心钻探的从业人员多数缺乏岩心钻探的施工经验，目前很多钻探生产单位的钻工和技术人员连普通金刚石钻进和绳索取心钻进技术，这些在 20 世纪 80 年代末期已近乎常规的钻探技术都没有用过，多数缺乏深孔钻探经验。虽然可以花巨资购买先进的钻探设备和器具，但技术和人才的流失才是钻探生产技术水平低下的症结，解决这个问题的途径就是要加大钻探新技术的推广和应用的力度。

钻探新技术推广渠道不畅：20 世纪七八十年代，在计划经济背景下，地质矿产部和其他相关的工业部门都有专门的探矿工程管理机构，一项新技术（产品）从研究设计、加工

制造到推广应用都有统筹安排，专项资金直接拨付到相关单位，做到了上下"一盘棋"，在某种程度上讲，这种管理模式对新技术的推广还是非常有利的。当时，大量新的钻探技术相继研发成功并广泛推广应用，包括小口径金刚石钻探、绳索取心钻进、冲击回转钻进、定向钻进、反循环连续取心和空气钻进等先进的钻探技术方法，有的探矿队绳索取新技术普及率几乎达到100%，当时的技术合作、技术交流和技术培训活动频繁，探矿工程一片繁荣景象。随着市场经济的调整和经济体制的改革，原有的探矿工程管理体制被打破，探矿队伍属地化，从上到下没有了专门的管理机构，加之地质钻探任务逐年下滑，科研、制造和生产单位都缺少新技术推广应用的能力和兴趣，大家都在为生存而各自为战。科研单位研究的成果，鉴定后就束之高阁了。生产单位为了生产进度和一时的低成本，也不愿冒风险采用先进的钻探技术。目前的状况是科研与生产之间缺乏有效的沟通和连接渠道，一方面生产技术水平低下的问题长期无法解决，另一方面，新成果得不到及时的转化和形成生产力，大大挫伤了科研人员的积极性，影响了整体的研发能力。

二、努力探索符合中国国情的国家地质工作新机制的创新思维

（一）组建探矿工程新技术推广示范中心的条件

我国深刻地意识到探矿工程在地质调查工作中的重要作用。提出应当发挥地调局所属勘探所在探矿工程方面的优势和作用，引进国外先进的地质勘查装备，开展钻探技术示范，解决西藏以及西南地区钻探施工已经严重制约国家地质调查和资源评价工作的不利局面。国土资源大调查地质调查项目实施近8年的事实更加清楚地表明，地质调查队伍"野战军"不能像20世纪初的"中央地质调查所"一样没有探矿工程。只有建立一支相对稳定、技术先进、装备精良、组织精干、机动灵活、反应快速的高素质专业化探矿工程施工队伍才能有效促进探矿工程技术的发展，完善地质勘查技术体系，适应国家地质调查工作的客观需要。这支队伍建立应首先从组建探矿工程技术推广示范机构开始。建立一支相对稳定、技术先进、装备精良的高素质专业化探矿工程新技术推广示范机构，将会有助于解决当前在青藏高原等地区突出存在的钻探生产技术问题，有效地促进探矿工程技术的发展。建立探矿工程新技术推广示范中心还有利于与周边国家开展地质勘查合作，实施国土资源部提出的"走出去"战略。建议首先在地质调查和矿产资源勘查钻探工程较多，工作前景好的地区试点，建立探矿工程新技术推广示范中心。第一批可以先行在西部省区建立1～2个施工中心。

（二）中心的基本职能

①承担（或内部招标承包）少量中国地质调查局国家地质工作探矿工程施工任务，特别是在青藏高原等难进入地区和偏远地区的探矿工程施工。②承担中国地质调查局国际合作地学项目中的探矿工程施工，承担天然气水合物勘探等高难度的特殊工程施工。③承担复杂地层、深孔钻探施工技术示范，以及探矿工程科研项目、新技术、新方法、

新工艺、新材料的生产试验工作。④协助上级管理部门、科研单位进行探矿工程生产定额、技术规范、操作规程、产品标准的制定。⑤承担地质调查和资源评价先进适用钻探技术的推广示范工作。

作为国家地质调查工作和资源勘查技术支撑体系的重要组成部分，探矿工程在经历20世纪80年代的辉煌和10多年的沉寂之后，目前正面临一个新的快速发展期。本文提出了尽快依托相关探矿工程研发机构，在全国重点大区组建探矿工程新技术示范中心的建议，旨在起抛砖引玉的作用，希望引起相关管理部门、科研院所以及装备制造、钻探施工单位对这个问题的高度重视，共同探讨，尽快摸索出一个适合我国国情和当前形势的探矿工程新技术的推广模式，保证我国的探矿工程技术的可持续发展。

第三章　探矿技术的实践应用

第一节　探矿工程新技术的应用

虽然随着科技的发展，我国的探矿工程有了明显的进步，但其中仍然存在着一些问题，不容我们小觑。比如城市发展对矿产资源需求的日益增多，使得探矿工程开采力度不断加大，有限的矿产资源供不应求，再加上开发过程中的浪费，不少地方的矿产资源已经告急。当浅层地表的矿产资源无法满足所需时，我们不得不向地层更深处探测开发，然而这一作业难度无疑增加了不少，当前不管是机械设备还是科学技术都处在比较落后的水平，难以支撑探矿工程的高效进行。因此为了更好地满足探矿工程需求，我们需要借助新技术的力量来改变探矿现状。

一、探矿工程的新技术

当前探矿工程新技术主要是以下几种：

金刚石绳索取芯钻进技术，相较于常规的金刚石钻进法，这种绳索取芯技术可以良好的应对复杂的地层和较深的钻孔情况，完成常规方法无法实现地钻进任务，而且能够保证岩矿芯采取率和钻进安全性，同时提高钻进效率。

空气泡沫钻进技术，主要应用于锚固孔、震源孔、水文水井等忌用液体循环条件的或者干旱缺水的地质矿产勘查中。空气泡沫钻进技术的应用，能够利用贯通式潜孔锤实现反复多次的连续取芯，大大提高了钻进速度和效率。

定向钻探技术，这项技术常应用于常规钻探方法难以良好适用的陡斜的矿体或者相对不规则的矿体。定向钻探技术目前在各个矿产开发地的应用都十分广泛，其优势在于既能够有效避免将矿体打丢的问题，对矿体能够更好的保护，又能够在一定程度上减少工作量，提高工作效率。

坑道内钻探技术，这一技术能够提前勘查采矿中有可能存在的风险，可以有效指导采矿作业的顺利进行过，还可以在一些年代比较久的矿山坑道中设钻打全方位孔，因而也可以对隐藏的矿体起到良好的勘查作用。

反循环取样技术，这项技术适用于不需要柱状岩心的探矿工程中，能够通过对所返回的盐矿样的分析研究，推断出岩层的情况，可以提高钻进速度，从而提高工作效率，提高经济效益。

全液压岩芯钻机，这是随着科技的发展而广泛应用于探矿工程的新型钻机，常应用在坑道内或者地表，具有自动化程度高、机械化程度高的特点，主要是利用液压来完成相应的驱动。这种钻机的使用极大地释放了人体劳动的压力，提高了时间利用率，且能够有效减少事故的发生。

这些新技术在探矿工程中的应用没可以降低探矿的难度，提高工作效率与质量，使得矿产资源得到更为有效的开发利用。

二、探矿工程新技术的应用现状

从我国目前探矿工程中对新技术的应用推广的实际情况来看，还是存在着一些问题的，例如岩心钻探生产技术水平还比较低下、落后，这是因为在 20 世纪 80 年代，探矿工程的工作量随着我国经济计划的调整而大大减少，导致大量的探矿工程队伍失去"饭碗"而选择改行，钻探生产技术管理体系也面临着土崩瓦解的危机，技术人员跳槽，地质岩芯钻探工具设备也都挪作他用。尽管如今探矿工程又重新回到重要地位，工程量也大幅度的增加，可以将以前散落在外的技术人员、专业设备等重新召集回来，但是由于长时间的"断档"，一些探测设备已经老化，一些钻探技术也难以适应如今的探矿工程要求，再加上新招入的技术人员缺乏实践经验，使得现下的探矿工程技术水平处在非常尴尬的局面。除此之外，钻探新技术推广渠道不畅也是当前比较显著的问题，出现这一问题的原因与当初国家经济计划的转变依然有千丝万缕的原因，在探矿技术方面没有专门的管理部分，原来的技术推广渠道也遭到的破坏，而一再下滑的地质钻探任务也让地质探测有关部门对新技术的研发推广失去了兴趣，即便有新技术新设备研发出来，为之买单的人也不在多数，生产与科研之间出现裂痕，为新技术的推广造成了较大的影响。

三、推广探矿工程技术的建议

（一）建立完善合理的运行机制

自身的技术设备、矿地的环境条件、地质状况等都会对探矿工程作业产生影响，这就使得工程技术人员、施工人员具有高度的敏感度，在施工前要精心准备缜密的施工计划，准备所需的施工设备器材，技术人员要有过硬的专业技能与丰富的技术经验，共同应对工程中可能遇到的问题和困难。然而就目前我国探矿工程的承包制度来看，还是不够完善合理的，如施工单位经常遇到压价的问题，使他们不得不通过简化施工过程来维持自己的利益，由此一来新技术新方法便得不到有效的应用与推广。为此探矿工程施工单位和地质调查局要共同合作，建立并严格实行完善合理的能够反映出探矿工程施工的价值规律的运行机制，只有二者共同获利，才能共同致力于新技术与新方法的推广。

（二）加强生产技术管理

地质调查局要设置专门的探矿工程技术管理机构，加强探矿工程生产技术的管理，对探矿工程的整个的施工环节加以监督管理，统筹规划探矿工程中的重大问题，这是探矿工程施工作业得以高效完成的保障，同时也是科学实施管理制度，指导探矿工程推进新技术新方法发展应用的关键环节。

（三）组建各种运行实体

探矿工程新技术的应用是一个比较漫长的适应融合过程，并非是短时间内就能一蹴而就的，为了推进新技术更快更良好的推广应用，可以组建各种不同的运行实体，比如组建探矿工程施工与新技术推广示范中心，解决实际工程施工中对新技术新方法不会用的问题。组建探矿工程装备租赁中心，解决实际工程施工中由于较大的经济压力而对新技术新方法的引用犹豫不决的问题。组建地质调查钻掘技术发展研究中心，解决当前探矿勘探技术水平不高的问题，等等。通过不同运行实体的构建，让新技术新方法的应用推广更快更好的落实到实处，解决实际困难，从而从根本上推进探矿工程新技术的应用发展。

总之，在我们经济发展，探矿工程始终扮演着重要角色，要积极研发应用新技术，借助新技术的力量推动我国矿产业的长远发展。

第二节　探矿工程中绿色勘查技术应用

作为一种先进理念，绿色勘察在国外受到了广大群众的推崇，这种文化或者说发展方式已经在国外得到广泛的传播并付诸实践。随着矿产资源开发利用的发展，矿产资源勘查的工作量也不断上升，资源勘查以及保护环境之间的冲突则很容易就表现出来了，比如环境中的植被因人类勘查活动、对施工槽的检测以及搬迁工作中所需要的大型钻探设备而受到破坏等等。这些问题如果不加以重视并及时采取合理的措施解决，则会在很大程度上影响环境。因此在勘查过程中应选择具有较小环境破坏力度的技术和手法，保证矿产资源的勘查给环境带来的影响降到最低。

一、为减少槽探方面的工作量，可以采取"以钻替槽"的方式

"以钻替槽"是在模拟的槽内进行工作区域的开展工作利用浅钻技术进行，具体分为两方面：一是采用岩心钻探来替换掉槽探技术，这是在槽探施工发生在较深的情况下进行

的：另外一种情况是在槽探技术会影响生态环境的状况下，为了合理有效减少工作量，槽探利用浅钻技术进行操作。地层类型主要是堆积型，包括河床湖泊堆积地层、滑坡堆积地层、河床湖泊强化地层、工程回填堆积地层，其中常规回转钻进的方法是"以钻替槽"是最常用方法，但是存在很多问题比如取心、钻孔较为困难等。为了解决此等问题，笔者所在研究所进行了取心钻进的大量研究并研发了新的方式，空气潜孔锤，并为其配备了新型轻便的多功能钻机，其突出技术优势为速度快、质量优，易操作且环保，为"以钻替槽"奠定了技术上的基础。

二、为减少设备移动搬迁，利用"一基多孔、一孔多支"的技术

由于该矿地的所处地理位置较为特殊，属于高原地带，山高地势走向陡峭，必须进行定向钻进或者分支钻孔的方式来进行环境的保护，提高工作的效率，其中还要合理减少搬迁时通过的道路的修建以及机场所占场地。定向钻孔的方式多种多样，主要采用几种不同的定向钻进的方法，并且各个方法都需具备不同的适应条件以及需求，分别包括螺杆马达又叫随钻测斜技术，具体分为有缆和无缆两种，机械式连续造斜器也是钻进方法的一种，还有钻具组合的方法。有缆随钻／螺杆马达定向技术由于其钻孔直径较小、精度高、钻孔深并且具有低成本的优势而最常被选用。例如所选实例云南的某矿地的地层复杂具有较大的技术难度，加之其坡度较大一般在80°到90°之间，并且地质软硬不均，换层十分频繁，需要小型的定向钻孔等等，需要严格采用大弯度的螺杆进行钻孔，要求弯度≥1.25°），钻头为直角凹面的、利用对称变化工具进行严格的对称控制，完成高精度的目标。

三、为减轻人工搬迁负担，应采用轻型钻探设备及机具

选取轻型钻探设备时要根据实际的地层状况以及钻探要求进行选取，轻型钻探设备具有很多种类例如便携式、背包升级、多功能式。为降低钻杆柱的质量需采用材质轻便的钻具，比如材质为铝合金的，此种钻具还具有方便的移动的优势，因此在交通不便的地区比较受欢迎，因其可大大减小搬迁的负担。本节研究所对象，云南某矿田由于地势险要不便搬迁，便采用的由中国地质科学院研制出的材质为铝合金的钻杆，以减小运输压力。

四、修桥铺路，改变搬运物资的方法

为进一步保护植被与生态环境，最大程度上降低修路所占地面的面积，应制定设备以及材料运输的相关规定，搬运材料一律通过雪橇、拖拉机、卷扬机或者直升机的途径进行搬运。

五、泥浆也应采用环保泥浆

在以往的钻探施工进行时，因为缺乏保护环境的意识，所以在生产泥浆时仅仅考虑其性能是否符合钻研施工的要求，而没有考虑到泥浆原料可能会造成相关环境问题带来毒性危害，造成了地质勘查中一大污染源就是废弃的泥浆材料。泥浆的组成包括基础造浆材料以及处理剂，属于泥浆处理剂的选择要慎重，要选择没有毒害处理剂，这样就不会造成地质勘查过程中遇到大范围高浓度的有毒处理剂的聚集。生物聚合物环保泥浆因其不但具有防止坍塌、润滑、封堵等钻探技能，还具有自然分解的特点，可以维持外界酸碱中恒，防止环境污染。

六、合理处理废弃泥浆，使其不能产生环境的破坏

废弃的泥浆主要来自于冲洗地面设备以及工具的废水、用于打水泥塞的废水。废泥浆的主要特征有，面积广、涉及点多、具有多种污染物、排放不连贯、不可控制等等。并且钻孔废弃的泥浆中成分复杂，具有多种污染成分，包括重金属、油、悬浮物、硫化物等等。具有回收利用价值的泥浆，要在符合条件要求的情况下进行回收利用，对于生态环境比较脆弱的地区进行泥浆回收时应采用泥浆罐或者管汇连接的方式，合理防止浆液下渗或者交叉造成污染。对于那些没有回收利用价值的泥浆要进行三级净化无公害处理。该处理技术是依靠脱色吸附剂、凝聚净化剂、破胶沉淀剂直接进行三级处理，进行沉淀处理造成分层，上层清水直接排除，下层形成的沉淀要进行掩埋，禁止不经处理直接排放。

七、合理处置生活废弃物

对于钻探施工场地的生活垃圾要进行分类处理，具体分为可循环利用的垃圾、可降解的垃圾和不可降解的垃圾。对于可降解的垃圾要进行掩埋处理，埋于地下 1.5 米左右。对于垃圾处理的地点也要合理选择，不可在河流以及水井等容易造成污染的水源头之地进行垃圾处理。对于不可降解的垃圾要按照统一的规定按照科学的方法，在任务全部完成以后统一处理。

绿色勘察技术仅仅处于基础阶段，现在所掌握的技术解决问题的范围有限，亟待新方法、新工艺、新技术的产生。人们的绿色勘察观念需要加深，意识需要提高，绿色勘察技术需要统一的勘察标准及规范，需要资金以及政府政策的支持。

第三节　新形势下探矿工程的钻探技术应用

注重钻孔技术在钻探工程中的应用探讨，可使相应的作业计划实施更具科学性，提高钻孔效率，为钻探工程的科学建设提供保障。因此，需要给予钻孔技术在钻探工程中的应用更多的关注，落实好这方面的应用研究工作，促使钻探工程建设目标得以顺利实现，满足与时俱进的发展要求。本节主要从钻探技术概述入手，对钻探技术应用进行了有效的分析，并提出了发展趋势，以期可以为相关学者提供一定参考。

探矿技术主要是与实际矿产分布有效的融合从而实现能源的开展。随着我国对新型能源要求日益提高，地质工作获得了更为广泛的关注，其不但需完成资源勘探，同时还需对找矿项目提升深度的开发与挖掘，从而更好地促进找矿技术的专业性。

其中就钻探技术而已作为探矿工程当中应用极为重要的工艺，需给予更多重视。基于此，本节主要对钻探技术进行了简要的分析。

一、钻探技术概述

在对矿山地质资源完成精准的定位测量后，需开展钻探工作。钻探主要是在实地完成矿产资源的取样、并通过考察、分析以及计算，从而明确此区域内矿产类型，并对其产状、成分、储量以及埋藏口估计、开采条件等数据给予有效的获取，并对后续开采工作的开展提供有效的评估。在此环节，钻探技术应用对钻探质量具有直接的影响。

同时，由于地质找矿的深层性对钻探技术要求日益提高，为了更好地保证钻探工作的有序开展，需对钻探技术给予创新。

二、新形势下探矿工程的钻探技术应用

强岩心钻机技术应用研究。在探矿工程进行过程中，最为关键的技术之一为岩心钻机技术，其在应用过程中不断向智能化以及数字化方向发展，同时对其孔底动力内容进行了详细的分析与研究。与发达国家地质勘探技术对比，我国钻探主要通过液压完成，因此，为了更好地提升钻探工艺水平，需加强钻探技术研究，增强地质灾害检测以及预防工作的开展，更好地促进探矿工程的稳定发展。

绳索取心钻机技术应用研究。绳索取心钻进技术经过多年的发展在国内外广泛应用，但往往仅能应用于较坚硬和成岩较好的地层中，在地质钻探、砂岩型铀矿钻探等中配合半合管、超前管少有应用，绳索取心钻进技术的传统工艺理念认为，覆盖地层复杂，易出现孔壁坍塌、掉块、缩颈等难题，其次绳索取心钻具与孔壁间隙小，易出现缩颈卡钻事故，

最后绳索取心钻杆在大的环状间隙中易折断。绳索取心钻进技术在覆盖地层的应用难点为根据地层岩性选择合理的钻孔冲洗液、钻进和取心操作规程参数、钻头类型等，保证钻孔孔壁稳定与较高的岩心采取率、钻进效率。

在覆盖地层应用绳索取心钻进技术要求较高，施工队伍普遍选择传统提钻取心钻进方法。因此，绳索取心钻进技术在覆盖地层钻探中的应用研究是当前研究的主要方向之一。

受控定向钻探技术应用研究。与以往钻探技术相比，受控定向钻探技术可以延伸到更为深层的矿产区域，其不但能够节约相关人员工作量，还可以节约成本。和传统的钻探技术相比，能钻探到更深层的矿产资源。

最重要的是，受控定向钻探技术能大大地节省钻探工作量，从而节省勘探花费。受控定向钻探技术的应用可以保证矿产资源钻探质量，并提升钻孔精准度。举例来说，当矿山区域包含河流分布抑或地势险峻，运用此工艺能够有效地避开以上复杂地质条件，完成岩层深层次的勘探，从而完成探矿工程任务。

气动锤 RC 钻探技术。气动锤 RC 钻探技术主要用于干旱缺水、严寒区域勘探工作。在应用过程中，其具有诸多的优势，与传统工艺相比起具有无法比拟的作用。此技术碎岩方式降以往磨削或切削方式利用冲击体积破碎，不断提升钻进效率，与传统钻孔速度相比能够高出 8 倍速度，并能够实现连续地实时取样。因此，此技术应用成为后续探矿工程主要发展方向。

三、钻孔技术在钻探工程中的应用效果

以某地质项目为例，通过实施钻探技术，完成对岩心钻、浅钻、地下钻作业，能够有效地提升 5.6% ~ 7.2% 钻探效率，同时在具体钻探操作当中进一步提升了工艺水平，为探矿工程质量的提升以及目标任务的完成奠定了坚实基础。除此之外，在钻探工艺应用当中，为其提供了多元化的地质数据与资料，减小了勘探作业当中问题出现概率，同时提升了钻探方案实施效率，为钻探工程的发展起到了重要的促进作用。

四、创新应用趋势

钻探技术更加专业化。在我国钻探技术日益发展，在设备与技术专业度上面要求日益提升。在探矿过程中，不但需求钻探工程囊括石油天然气开采和煤矿开发还需重视工艺的创新。其中定向运动技术，此技术的应用不但能够完成随时取样，同时能够对坚硬岩石内部定向运动给予勘查，从而已预示着我国钻孔工艺的突破。

使用节水技术可以适用更多地区钻探需要。水在钻探工程中有着举足轻重的地位，其能够缩减机器的温度，并能够有效地确保其使用寿命，不断提升钻机工作效率。所以水的使用便成了钻探工程的一大问题，它常常限制了钻机的使用，尤其在我国西北地区，降水量很少，有很多干旱的地区，对于他们来说水资源极为珍贵，而如果使用水循环技术那么必然要用到专业的运水车，这个时候的节水技术就显得很重要了，它可以大大降低施工的成本。

通过上文分析可知，通过合理的运用钻探技术能够更好地提升探矿工程质量，提升探矿方案是实施效率，并能够更好地满足实践变化需求。所以，在后续钻探工程发展当中，需加强钻探技术的研究，创钻探技术工艺，从而更好地促进矿山地质探矿工程的稳定发展。

第四节　数字化技术在野外探矿技术中的应用

当今社会的发展离不开科学技术的不断进步，因此，人们越来越重视新技术的开发以及有效应用。数字技术是一项新型技术，其有效应用将对各行业的发展起到重要的推动作用。当前地质行业正在面临着重要的变革，在地质行业之中科学应用数字化技术能够有效推动地质行业的发展，推动野外探矿技术的进步。本节就数字化技术在野外探矿技术之中的应用相关问题进行了简要的介绍。

一、数字化技术和野外探矿技术

在科学技术时代，IT 行业的发展对整个社会的发展具有非常重要的推动作用，而数字技术是 IT 行业中的一项新型技术，其对这个行业的发展具有十分重要的作用。首先，数字技术在专业领域之上没有限制，可以在地质工程、医疗卫生、航空行业等领域得到广泛的应用。其次，作为一项新型技术，数字技术具有一定的革命性意义。将数字技术科学的应用到各行业中，不仅可以推动各行业的快速发展，而且能够有效推动各行业的"改革"，确保行业能够跟上时代的发展，与整个社会的发展相适应。

将数字技术应用到野外探矿工作中，是地质工程行业不断发展的重要需求，同时也是推动整个社会发展的需要。应该从实际出发，根据过去积累的探矿经验，将关于探矿计数数据库给建立起来，并且通过多媒体以及网络的传播，给工程施工工作者等提供相应的技术参数。通过综合应用过去探矿的理论知识，能够制造出精确性较高的智能探矿机器人，但是在这一过程中，必须要确保地层信息数字化以及野外探矿计数数字化等的有效实现。

二、地层信息数字化

随着信息技术的不断进步与发展，人们对地球之中的各种物质有了更多的认识与了解。就地质数据上而言，人类不仅收集到了大量的电离层数据，而且就莫霍面的数据也有了更深的认识与了解，人们已经掌握了近2000km的地球表层数据。如果把掌握的数据给铺开，可以覆盖地球各个平方千米中。但是，虽然人们已经掌握了很多的地层数据，但数据在密度之上仍然存在不足，这需要地质工程相关工作者继续开展探讨工作，而利用数字技术将数据库给建立起来，对于其工作来说具有非常重要的帮助作用。在数据库之中，工作人员关注的重点主要包括：土层性质、土层成分等，利用这些收集到的数据知识，可以有效帮助相关地质工作者加深对某特定地层钻探工作所需数据信息的了解与掌握。比如说：在开展矿山开采、低下核试验孔之中，开展矿山开采附近是否被人工结构物侵占、可以有效说明其是怎样的结构体，从而保证工程施工的有效开展。

　　深入了解地层数据库信息不仅仅是当前地质工作人员所应该关注的重点问题，同样也是与整个探矿行业发展关系重大的问题。对地层数据库相关信息的了解程度，更有甚者会对国家安全问题产生影响。所以，我国政府及相关行业也十分重视数据库的建设，工程承担着不断建设、完善数据库信息的义务。通过与工程施工队伍进行相关勘察工作，对数据进行检测等，不断开展数据库的建设以及完善工作，这对于建立地层数字信息系统具有十分重要的作用。除此之外，在建立地层数字信息时还需要做到地层数据的不断更新以及完善等。

三、野外探矿技术数字化

（一）建立数字化野外探矿技术

　　科技的发展有效带动了社会的进步。为了有效推动地质工程的进步以及改革，切实提升野外探矿的技术水平，必须要更加科学、有效的利用第三产业的力量。在有效健全地层数字信息的条件下，有效推进转进参数收集工作的有效展开，并且应该对所收集到的各种数据信息进行有效的过滤、分析、运算以及重组等，有效推动野外探矿计数朝着数字化方向发展。应该利用人工智能技术在探矿工作之中的有效应用，降整套的数据库系统给建立起来，主要包括：模型库、方法库、逻辑库以及知识库等，进而有效地把数据的收集工作转变成高层次的分析、判断、识别以及决策的科学系统，使得野外探矿计数能够具备更加科学化、智能化的自我调节、自我感应以及自我适应地钻进技术，有效掌握有效进行机器人控制相关计数，并且具备远程操作相关技术使得探矿技术数字化情况得以有效地实现。

（二）野外探矿技术的数字化在探矿工作中的表现

　　一般而言，野外探矿计数数字化表现在两个方面，第一方面：其可以把定性表述转变成定量的数字表述。换言之，能够有效地提高探矿技术在开展探矿施工之中的准确性，使得过去探矿工作之中部分知识给我们导致的模糊性。在过去探矿施工之中，我们通常把钻所遇到的地层岩石根据硬度划分成三个级别，分别是："硬"、"中硬"以及"软"，在数字技术应用到探矿工作中后，地质工程相关工作者可以将钻遇到的岩石情况予以更为精确的数字表示。对钻所遇到的岩石硬度情况予以数字化表示，可以有效帮助相关工作者在进行探矿工作过程之中数据的收集、统计以及整理等，使得野外探矿计数数字化得以有效地实现。第二方面：野外探矿计数数字化可以表现成起把知识进行数字化表示。利用工程施工过程中相关科研工作者所收集到的信息数据，通过一定程度翻译为计算机可以理解的数据信息，从而使得知识的数字化得以实现。一般而言，在野外探矿工作之中，经常会遇见各种矿井事故，比如说：卡钻、井漏、井喷等，我们可以把此当作事故发生的判断依据，也可以将其当作事故措施采取的判断依据。

除此之外，在野外探矿工作开展中应用的数字化技术，还表现为其精确性上。在对极地、海底、高山区域等的探矿工作之中，因为环境条件较为恶劣，或者人类不易涉足等因素，运用数字化技术来开展野外探矿工作，可以有效帮助人们顺利完成高难度的工作。而且因为数字化野外探矿技术能够实现精确性的操作，工作人员不用担心设备无法再无人状态下开展工作的情况，有助于探矿工作的有效开展。

四、野外探矿技术应用数字技术的完善措施

将数字技术科学的应用于野外探矿工作之中，就地质工程的革新而言具有十分重要的意义。但是因为当前对数字技术没有予以全面的掌握，及受到其他各种条件的制约，导致再短期之内无法在野外探矿之中充分应用数字技术。为了使得数字技术在野外探矿工作的应用得以实现，需要做到以下几点：

（一）国家及政府部门予以重视

国家应该充分发挥其影响力，对过去钻探数据资料等进行系统的整理，为探矿工程提供一个数据库平台，除此之外，国家还应该为推动野外探矿工程的发展提供相应的指导以及支持。为探矿计数引进相应的人才，并组织开展野外探矿工作中数字技术应用的研究工作，从而使得我国探矿技术水平得以进一步提高。除此之外，国家还应给野外探矿工作的顺利展开筹集相应的资金，以及较为先进的设备，并制定有关的制度，从而使得我国的野外探矿工作得以有效的推进。

（二）增强施工单位培训工作

野外探矿工程施工单位也应该不断增强对其工作员工的培训工作。应该定期、定时的对其员工展开技术培训，这样才能够是的工作人员对数字技术与探矿工作等有一个更为科学、更为全面的认识，从而调动其主动性与积极性。除此之外，工程施工单位还应该率先进行数字技术产品的引进工作，应该对数字技术应用情况予以足够的关注，从而使得工作人员有更多的机会了解数字技术产品，从而为使得数字化野外探矿技术的有效实现提供重要的基础。

第五节　激电中梯扫面物探技术在探矿中的应用

物探技术在地球物理学中是非常重要的内容之一。在物理学理论的支持下，对地球展开研究，广泛应用于地质研究以及能源探测等。就物探方法而言，其有非常多的种类，主要包括测井和地震法以及磁法与重力法等。地球物理勘探是借助磁、热导率以及岩石物理性质等手段。在这些技术的支持下，能够很好地服务于城市建设以及国防领域、考古、核电、水电等领域。结合以上分析，在具体工作实施阶段，科学的选择勘查技术与方法，确保工作的合理性至关重要。该技术在探矿方面的作用越来越重要。

一、地质及地球物理特征

（1）地层：该区地层不复杂。主要发育安格尔音乌拉组（泥盆系上统）第 2 岩性段，板岩以及不等粒长石砂岩与中细粒长石砂岩和硬砂岩是其主要的岩性特征，颜色为浅黄色和浅灰色以及黄灰色。少量发育敖包亭浑迪组（泥盆系统下）的第 2 岩性段，生物长石砂岩以及长石砂岩夹粘土质生物灰岩与含粉砂凝灰岩是其主要的岩性组合特征。为滨海 - 浅海相砂质、凝灰质、钙质沉积建造。

（2）侵入岩：区内广泛发育侵入岩。以中酸性侵入岩（燕山晚期）发育最为明显，其产出特点呈现巨大岩基北东向产出，主要表现为：中深成相岩体。蓝铜矿以及氧化铜孔雀石分布于地表的局部岩体上，提示燕山晚期中酸性侵入岩与该矿的成矿存在非常密切的联系。

（3）构造：区内具有明显的构造特征，主要为燕山晚期以及华力西期为主，展布方向为北东向，黑油北北东向展布和涡轮状特征，展布特点呈现北东向，总体向北西方向倾斜，倾角在 34° ~ 72° 之间，萤石化与褐铁化以及孔雀石化蚀变特征明显。

（4）地球物理特征：在对区内岩石样品进行电性测定，显示该区的铜多金属矿和围岩之间存在差异较大的极化率与电阻率。上述分析显示，可以在该区开展电法勘探工作。通过测定，极化率在褐铁矿化石英脉中表现非常高，平均在 3.75%，测定砂质板岩显示其极化率为：0.84%，提示在极化率与电阻率上区内岩石存在很大差异性，所以，可以在该区进行物探研究。

二、成果解释

（1）激电中梯扫面工作：利用该工作共在该区发现 3 处激电异常（1 号、2 号、3 号）。激电测深剖面在这些异常位置上进行布置。

1号异常，主要表现为北西向的条带特征，范围（长×宽）为 1.3km×300m。在北西向上没有发现封闭，4.6% 是其最大的异常值，小于 100Ωm 电阻率与之相对应，异常为低阻高极化特征。中细粒花岗岩与砂质板岩是该区的主要岩性特征，并且具有非常好的套和性，褐铁矿化带（50m）在地表上可见，激电异常显示矿化带与之类似，也有褐铁矿化石英脉，铜蓝在其中分布，检测其样品钼具有很高的含量。激电测深于40线实施，方位30°，可能是区内花岗岩以及砂质板岩相互交接的部位而引发的异常。硅化以及黄铁矿化在其接触部位可能存在，在平面范围表现区域场特征。

区内的矿层原主要为中-下侏罗统木嘎岗日群，班公湖-怒江洋洋盆在晚侏罗世末期-早白垩世阶段出现闭合，处于两侧未知的地体不断在碰撞作用下，导致近矿质在矿源层内不断被活化，矿体不断在断裂构造中沉淀成矿。

三、控矿因素

（一）地层控矿

中-下侏罗统木嘎岗日群是该金矿区内主要矿体以及矿点的产出位置，该区的主要含金建造为木嘎岗日群，海底热水喷流产物主要富含与沉积期内，Sb 与 Ag 以及 Au 等元素在此比较富集，与其他地层相比明显高于起背景质。基于以上分析，Au 的重要来源可能与中-下侏罗统地层关系密切。而且班公湖-怒江缝合带在不断演化的过程中，该地层随着其俯冲、碰撞作用的影响发生变质，最终形成砂板岩，这种砂板岩非常硬，而且脆性极高，因此断裂裂隙不断形成，使得成矿流体在其间不断运移和聚集，形成矿体。

（二）构造控矿

班公湖—怒江缝合带强烈的构造活动，是区内成矿的主要因素，尤其是海相复理石建造（洋盆发育阶段沉积）是该区金矿的主要成矿物质来源，伴随洋盆的演化闭合，再加上起两侧位置的地块不断发生碰撞，使成矿物质不断运移，在有利的空间位置上成矿。因此该区的导矿及容矿构造都是受到断裂前期张性构造的影响。

四、找矿标志及方向

通过对该区进行综合分析，总结出以下找矿标志：①断裂带内的含金石英脉以及浅变质碎屑岩（木嘎岗日群）与矿区矿化存在非常密切的联系。②区内断裂构造（近东西向）与旁侧位置上的断裂，是该区金矿化的主要产出位置，约与断裂位置接近，金品位则表现明显很好，反之则较低。③区内存在明显的热液蚀变特征，主要为绿泥化以及绢云母化与碳酸盐化和硅化等特征，可将这些蚀变组合作为重要的找矿标志。④自然金是该区的重要的矿石矿物，然而在金成矿过程中方铅矿以及黄铁矿是其主要的载体矿物，尤其当含金石英脉内存在大量的硫化物时，金品位则表现明显富集。⑤矿区具有明显的 Au、Ag、As、Sb 综合化探异常，异常的浓集中心部位，特别是与近东西向断裂构造套合较好的部位，是本区找矿的重要地段。

区域上，藏北地区沙金开采历史悠久，分布着崩纳藏布、那朗沟、唐踏、安多、马尔曲等众多的沙金矿床（点），总体地质地球化学特征与商旭矿区存在着类似之处，金的重砂、化探异常长轴方向呈近东西向分布，与区域构造线方向一致等，其地质特征与商旭矿区均有可对比性。

第六节 现代小井眼探矿技术在石油勘探中的应用

岩心钻探取芯钻技术可以提供全井岩芯，它和常规石油钻井相比较而言，能够节省 30% 的输出费用，是一项性能较高的勘测技术，尤其是在较为偏远的地区，效果更加明显，使用岩芯钻机可以减少运输成本、提升经济效益。本节主要论述了小井眼探矿技术在石油勘探中的应用情况。

一、小井眼探矿技术

（一）小井眼概念

对于小井眼，有多个定义，有的研究人员认为，小井眼是一个直径小于 8.5 的井，还有一个概念，90% 以上的井段都是由小于 7 的钻头钻成的井。小井眼油井和相同井深的井眼相比较而言，其直径较小，比如，从石油钻井现象来看，采用 12.25 的钻头和 800m 深的井为正常情况，可是采取 101.6mm 的取芯钻头和 94mm 的钻杆，该井则是小井眼。

（二）小井眼探矿技术发展背景

小井眼探矿技术出现于 20 世纪的美国，在各个区域一共钻取了 100 多口小井眼，从施工结果来看，钻取小井眼较为方便，成本较低，在经济上是比较划算的。目前，电子学的出现，推动了小井眼技术的发展，为其进步奠定了有利基础，通过采取小型传感器，可以不需要使用常规直径的油井，便能够获得全部数据，从而降低费用，提升效益。一直以来，小井眼探矿技术由于性能较高，受到了世界各个国家的广泛关注，小井眼数量呈现不断增长趋势，它逐渐替换了常规井眼，为石油工业的发展带来了巨大的利益。

二、钻机特点

以往常规石油钻机全面钻机的速度较快，效率高，可是此种类型的钻机取芯效率较低，限制了取芯长度，在每次取芯之后，都要下钻一次，才可以完成整个工作进程。与其相反，探矿取芯钻机功能较多，既可以在浅地层中全面钻进，又能够实现全井小井眼钻进和连续取芯钻进。其中，探矿取芯钻机的特点体现在以下几点：

第一，钻机尺寸比较小，能够减少井场面积，其中主要包含泥浆池中的 9000ft²。重量和石油钻机相比较而言，特别轻，能够直接应用于直升机运输或者拖车转载中。第二，在进行钻机过程中，驱动系统主要是利用卡盘开展钻压和转速的。第三，所需动力小，一般保持在 300 ~ 400HP。第四，液压控制系统可以有效控制钻压、转速运行情况，液压自动控制负责保护高速转动的钻柱，尤其是在扭矩突变的时候，效果更加明显。第五，连续取芯系统不需要下钻，便可以采取钢丝绳直接提出内岩芯筒，在每 2000m 地方，取出 18ft 岩芯，平均停钻 15 ~ 20 分钟。第六，转速一般保持在 200 ~ 50R/MIN，最高情况下，可以达到 2000R/MIN，这样一来，对钻进应变质岩效果明显。第七，在取芯钻头的时候，可以适当采取表镶金刚石钻头，它比较适合应用于地层较硬的高转速。

三、连续取芯钻机类型

第一，探矿用绳索连续取芯钻机。在探矿期间，采用绳索连续取芯钻机，这种类型的钻机大多数没有转盘，是专门为全井井段取芯钻井所设计的，有的钻机钻深基本上可以达到 6000m。第二，小井眼全面钻进钻机。对于一些小型石油钻机和修井机而言，可以适当地钻取一些小井眼，可是无法有效满足连续取芯需求。第三，复合式石油钻井用钻机。把探矿期间连续取芯钻进用的钻杆，采用过绳索和卡盘，将其配置在石油钻机中，让其成为真正的取芯钻机。目前，大多数公司已经完成了对石油钻机的改造，这些钻机可以取芯钻进至大约 6000m。

四、小井眼探矿技术在石油勘探中的应用

（一）井控工作

钻井和井壁之间的孔隙较小，根据钻柱旋转需求，重新对常规井控概念进行定义和改进。由于环空流量小，一旦发生井涌现象，很容易将井全部喷空，所以，必须在溢流量较小的情况下发现溢流，不能简单地使用在测取地面压力之后，引进循环控制井涌的标准做法，压力降的配置和常规油井相比较而言，恰好相反，环空间孔隙小，大多数压力降是在环空情况下引起的，而常规石油钻井的压力降则是在钻杆内部产生。

（二）泥浆

环空间孔隙较小，钻柱快速运转，使得大多数井段逐渐形成急流，因此，以往多种传

统水力学模式无法满足这一发展现状。所以，必须将泥浆固相控制在一定区域内，不可过高，以此防止钻杆内部形成沉积泥皮，从而提升取芯筒运行困难性，严重的情况下甚至提取不出，对此，要配置合理的离心机固控设备。

（三）岩芯处理

开展连续取芯作业的主要目的是收集更多的岩芯，因此，要全面处理和分析岩芯。其中，现场岩芯实验室可以测量到以下数据：孔隙度、渗透率、饱和度以及化学反应、系数等。岩芯本身体积较大，不容易受到泥浆污染，并且取芯深度结果准确率高。进行现场岩芯处理能够减少测井工作量，缓解工作压力。可进行标准电缆测井的最小井径为2.875，可以进行完井测试的最小井径是3，最后，将测井测试结果和岩芯处理结果相互比较检查。

（四）固井

钻杆本身作为可以回收的套管，能够有效减轻固井工作量。要想缓解小环空增加的摩擦阻力，就需要较高的泵压，可是，这样一来，便容易产生窜槽和压漏脆弱地层，增加了固井作业开展的复杂性，因此，主要的解决方法是扩眼，小井眼需要的水泥量较小，可以适当寻找一种更好的方法。

（五）需要注意的问题

面对以下几种现状，可以在勘探规划过程中，优先选择小井眼勘探井。第一，大部分钻头投资只可以用于后勤工作。第二，受气候、环境以及交通等因素的影响。第三，当物探作业开展过程中，操作复杂，成本高并且不利于继续前进的时候。第四，等到重新上钻加深一口老井的时候。第五，需要连续取芯，以此提供充足的资料。比如地层以及层速度和地层流体等。第六，在油田开采期间，是否延长油田的使用时间。从上述可以看出，小井眼勘测自身具有一定的局限性，尤其是安全、井涌检测以及井控问题较为明显，因此，小井眼钻进井不适合用于初探井中，最好将其用于地质评价井内。

小井眼的应用范围广泛，性能良好，但比较适用于偏远和环境恶劣区域，未来发展前景也开阔，值得推广。

第七节　地质资源勘查研究中探矿工程的作用

在我国社会经济高速发展的背景下，对资源的需求也日渐增大，那么如何开发更多资源就变得尤为重要。探矿工程作为一项重要的地质资源勘探技术，在地质资源勘查中无疑发挥着极其重要的作用。本文试图通过探讨研究地质资源勘查研究中探矿工程的作用，以期推动探矿工程的更好发展。

目前，我国在对地质资源的勘查中，探矿工程是一种有着非常广涉及面的科学工程技术，对技术工作人员有着较高的相关专业知识要求，所以其应用虽然有较大风险难度系数，但由于其实践性高，能够在地质资源勘查中发挥极其重要的作用，对我国地质资源勘查行业的发展也起到了很大的推动作用。

一、地质资源勘查工作开展现状

地质资源勘查工作主要是凭借相应的科学技术方法来勘查研究一个地区的地形地貌和地下情况，从而试图借此将能够可以被利用的自然资源寻找出来。我国地质资源勘查事业虽然起步较晚，但是相对较为完善的科研组织机构已经基本建立。

然而目前的地质资源勘查工作开展现状而言，无疑是难以令人满意的，存在着诸多不足之处。一是重视程度不足。在地质资源勘查工作的开展过程中，各地政府普遍存在对此事重视程度不足的问题，从而使得对地质资源勘查工作投入的物力、财力不足，进而导致地质资源勘查工作难以获得快速发展。其次，勘查人员不足。地质资源勘查工作由于长期在野外进行，工作环境较差，同时相应待遇也不是很高，从而导致地质资源勘查工作由于缺乏高素质的人才队伍而难以有效开展起来。三是技术水平不足。受技术水平不足影响，地质资源勘查工作开展过程中所勘查出来的相关数据存在着不准确的情况，工作成本也较高，从而阻碍了地质资源勘查事业的发展。

二、探矿工程的主要工作内容

进行深部找矿。我国有着丰富的矿产资源，但许多地区的矿产资源是被深在地下300m ~ 500m 之间。

通过分析地质构造，预测 500m 以下地段仍然有着极其丰富的矿产资源。目前，我国矿产资源的开发速度已经远远低于矿产资源需求增加速度，所以利用探矿工程将深埋在500m 以下地段的矿产资源开发出来，能够有效缓解矿产资源供需矛盾。

勘探新能源。浅层或者是深层处的煤层气、地热能、天然气水合物以及干热岩等是我国目前能够利用到的新能源。其中对于煤层气的勘查，由于目前在技术层面还面临着一些难以解决的困难，从而使得煤层气的勘查状况目前还处于初级阶段。但是对于新能源体系的构建而言，开发煤层气极其关键。所以借助探矿工程，完全可以为新能源的勘探与开发提供必要的技术支持。

勘查地球内部。利用探矿工程来勘查地球内部，主要是观察组成地球地壳的相应物质状况以及地球中岩石结构等，从而掌握地热结构系统以及地球内部流动体系。而通过对地球内部结构体系的勘查检测，有助于了解地壳运动、地震、火山喷发等自然现象，从而尽可能减轻因自然伤害而带来的生命财产损失。

三、地质资源勘查研究中探矿工程的作用

有利于开展找矿工作。与发达国家相比，我国受限于探测技术水平，深入的地质研究较少，从而使得许多矿产资源未能得到充分的利用。在当前矿产资源短缺的形势背景下，这无疑是一种极大的资源浪费。而探矿工程作为地质找矿主要技术方法之一，借助与探矿工程，能够定性、定量地解决其他技术方法先期发现的问题，更有利于找矿工作的开展。同时，天然气的水合物资源也能够借助探矿工程成功勘查出来，从而有利于推动我国新能源事业的发展。

有利于获取岩层样品。岩层样品是勘查的判断依据，利用探矿工程可以实现技术的利用。

相关的人员可以通过探索地质资源之前的岩层样品，对于所勘探的地下情况有一个了解。地下资源分布如何，利用样品也可以判断开采条件优劣。

对于存在的地质资源多少就是利用岩层样品的矿含量以及特点进行判断。这样可以动态地进行勘查人员分配，实现问题解决的充分准备。比如借助岩芯钻探技术，能够实现成功勘查到地底深处的矿藏，然后借助遥感探测与物化探测两种方法的结合，成功获取到岩心中的样品，再通过检测样品，就可以据此快速判断出矿藏埋藏深度、品质以及储量等相关情况，进而为矿产资源的开采利用奠定坚实的基础。

有利于预测地质灾害。由于幅员辽阔，我国的地质条件可谓是多种多样，所以各种自然地质灾害也是经常发生。而在地质勘查中，借助于探矿工程，有利于有效发现自然地质灾害。当通过探矿工程提前检查观测到自然地质灾害后，就可以提前采取相应的措施来对其予以整治，从而尽可能降低地质灾害给人们生命财产安全带来的威胁。同时针对缺水的地区，还能够借助探矿工程来找到合适的地下水资源，从而帮助人们成功确定水井位置，进而帮助人们解决缺水问题，改善当地的生活条件。

本文先介绍了探矿工程的主要工作内容，然后系统论述了地质资源勘查研究中探矿工作的作用：有利于开展找矿工作、有利于获取岩层样品、有利于预测地质灾害等，希望借此能引起更多人对探矿工程的关注与重视，共同推动探矿工程的发展完善，促使其在地质资源勘查中发挥更大的作用，更好地推动地质资源勘查行业的发展。

第八节　矿山地质探矿工程安全生产管理系统的设计与应用

社会经济发展形势不断加快，社会各个层面对于矿产资源的需求不断加大，为了获取更多的矿产资源，矿山地质探矿工程作为矿产资源开发利用的重要前提，受到了人们的广泛关注，相应的矿山地质探矿工程项目不断增多。然而在工程实际，还有很多问题存在，

尤其是安全生产管理问题更为突出。为了更好地确保矿山地质探矿工程安全生产，减少安全事故。本节结合实践，对矿山地质探矿工程安全问题进行详细分析，并对其安全生产管理系统的设计展开探讨，以供参考。

在我国国民经济发展中，探矿工程发挥着巨大的作用。特别是在现代社会高速发展的时期，探矿工程的开展效果，不仅直接影响探矿行业的经济效益。而且，对我国经济社会的持续发展也会造成很大影响。就矿山地质探矿工程而言，其施工过程主要在特定的环境下完成。随着经济社会发展步伐的不断加快，社会对于矿产资源的需求逐渐加大，与此同时，矿山地质环境也发生了很大的变化。如果探矿过程中，相应的探矿技术使用不合理，就极易引发一些探矿质量问题与安全问题。因此，为了提高探矿工程的作业效率，充分发挥好探矿工程技术作用，就必须要针对探矿工程实际出现的问题进行有效解决，确保探矿工程的安全性，才能更好地保证探矿工程的顺利实施，推动矿产资源的开发与利用，为我国的经济建设做出更大的贡献。下文结合实践，对矿山地质探矿工程面临的安全性问题进行信息分析，同时探讨了矿山地质探矿工程安全生产管理系统的设计的有效措施，希望能够进一步提升矿山地质探矿工程安全管理水平。

一、矿山地质探矿工程安全问题分析

安全管理薄弱。任何工作的开展安全是第一位的，但是在实际工作中发现，很多人长期在一个环境下持续工作，其警惕性便会放松下来，其安全意识也逐渐淡化。而矿山地质探矿工程，其复杂程度更高，时常面对各种各样的地质与工作环境，时间一长，便认为每天都是这个样。相应的，准备工作做得不足，安全意识出现了下降，以至于工作中时常出现一些安全问题。

探矿方式不合理。相较于世界一些发达国家，在矿山地质探矿方面，我国的地质探矿技术还相对落后。现在在矿山地质探矿过程中，应用最多的方法包括钻探、物探、坑探以及槽探等。尤其是钻探和槽探，目前在矿山地质探矿中有着广泛的应用。为了保证矿山地质探矿工程的作业效率，应当与实际矿山地质情况进行充分结合，来对探矿方式进行合理选择。但是在实际工作中发现，却没有与矿山实际情况进行充分结合，而是依照过去的探矿经验，来对探矿方式进行选择，这样选择的探矿方式与实际矿山地质情况存在一定的偏差，不仅影响探矿工作的顺利开展，而且还极易引发一些安全性的问题。

选址不科学。矿产资源在我国南方地区分布广泛，但矿山的组成多是小型矿山，在选择探矿地点时存在较大的难度，而矿山地质探矿的工作效率与质量，与探矿选址存在非常紧密的联系。如果选址不科学，便会对矿山地质探矿工作的顺利开展造成很大影响，有可能发生实际地质探矿工作与探矿方法存在不相符的情况，极易导致安全事故的发生。

二、矿山地质探矿工程安全生产管理系统的有效设计措施

（1）进一步强化工作人员的安全意识。在工作中，安全的重要性不言而喻，尤其是对于矿山地质探矿这种特殊的行业，工作复杂程度更高，经常会出现一些安全问题，为此确保矿山地质探矿工作的安全性具有非常重要的现实意义。这就需要在工作过程中加强安全管理工作，对工作人员进行岗前培训，提升其安全意识，让工作人员在工作中保持很高的警惕性，能够及时地发现工作过程中的一些潜在危险因素，并在有危险情况发生时，能够更好地对自己进行保护。

除上述这些之外，在实际工作中，还应当将安全生产责任制充分的贯彻落实，让每个工作人员都保持很高的安全意识，为探矿工程的正常开展打下坚实的基础。

（2）对工程各方责任进行有效明确对于矿山地质探矿工程而言，其涉及面非常广泛，而且工作过程中需要多方共同参与，对国民经济建设有着非常重要的现实意义。而政府部门在地质探矿过程中，必须要将自身的主导作用充分发挥出来，对于工作过程中参与的各方责任进行有效明确，这样能够有效控制探矿工程开展过程中一些不合理的行为出现。工作开展过程中，必须对国家的相关法律法规严格遵守和执行，同时，充分考虑矿山工程实际，进行地方性相关规章制度的建设，增进监督管理力度，对，施工作业进行合理规范，并将环保理念应用于矿山地质探矿工程之中，确保此项工作的健康稳定发展。

（3）对于矿山地质情况进行充分了解为了确保矿山地质探矿工程的顺利开展，应当充分的掌握矿山地质情况，这是推动此项工作顺利前行的关键，在具体工作中，应当被探矿地点进行科学选择，同时对探矿的方式也应当选择确定。因矿山环境，各地之间有着很大的不同。具体工作实施阶段，对矿山的矿产种类以及矿产量等情况进行充分的调查，并充分掌握矿山地质构造特征，综合考虑探矿工程实际，对探矿方式进行科学选择。当前，人们越来越重视可持续发展的重要性，而且，这一理念已经成为发展的重要方向，因此，在矿山地质探矿工作中也必须要注重环保问题，避免工作中对生态环境造成过大破坏，采取有效措施积极保护，真正实现矿山地质探矿工程的可持续发展。

（4）正确选择探矿方式和地质矿山地质探矿工程的顺利开展与工作效率的提升，不仅与探矿方式有着非常紧密的联系，而且探矿选址也是其中的关键。如果矿山地质探矿过程中探矿的方式选择的不够合理，这样造成的危害性是非常大的，然而，这一问题在矿山地质探矿工程中却非常的常见。

因此，在实际工作中，必须要对矿山具体情况进行充分了解，综合研究分析之后，才可进行探矿方式的选择。并且依照各个探矿点的不同，对于探矿方式进行科学选择，同时，探矿地址的选择，也是保证矿山地质探矿工程顺利开展的前提，所以必须进行科学的探矿选址。通过科学的选择探矿方式以及探矿地址，来有效控制探矿工程实施过程中的安全问

题，避免造成更大的经济损失。

（5）矿山地质探矿工程的地质设计此项工作主要涉及两种形式，一种为坑道工程设计，一种为钻探工程设计，二者之间存在很大的差别。进行坑道工程设计过程中，探矿的生物工程主要包括平硐、竖井与岩脉等等，不仅具有较大的施工难度，而且对技术的要求较高，相应的经济成本投入费用也比较大，在进行坑道设计过程中，必须对工程区的地质情况充分了解，还要必须要有明确的目标。设计钻探工程过程中，必须遵循以下几个步骤，确定钻孔对矿体的载穿部位，同时确定钻孔的位置、深度以及其倾斜角度等。孔口必须要避开道路以及建筑物和一些比较陡峭的区域等。

总而言之，在矿山开采过程中，矿山地质探矿工作是非常重要的一项工作内容，直接影响矿山的整体开采率。因此，为了高质量、高效率的矿山地质探矿工作，必须要结合矿山实际情况，对于探矿工程的工作形式、布置形式与设计矿山，地质探矿工程的方法等各个方面加强研究。在探矿工程中，地质设计是此项工作顺利进行的有效前提，因此，在实际工作中，必须要对地质设计进行充分的把握，并在有效原则的充分贯彻落实下，对于探矿工程的布置形式进行确定，工作中还要不断地总结经验，积极创新，为我国矿山地质探矿工作的顺利开展打下坚实的基础。

第四章 地质勘查新技术研究

第一节 地质勘查测绘中的 RTK 技术

本节主要分析了 RTK 技术，对其工作步骤进行了简要介绍，阐明其技术特点。结合某测量工程实例详细描述了 RTK 技术在地质勘查中的具体应用，总结了地质勘查中 RTK 技术的优势，以期能够起到推广 RTK 技术的作用。

传统的地质勘查测量通常是在控制点的基础上，通过测边网、测角网、导线网、边角网、线型锁以及测角（测边）交会等方法来进行测量。这些方式通常存在很多的限制，如点的位置必须符合通视条件，同时还受时间以及气象的影响。为达到这些条件不得不建设觇标或者将树木砍掉，导致传统地质勘查耗费的时间比较长、精度低、费用高。TTK 技术通过其动态测量技术，再加上 GPS 数据传输技术，具备高效、实时、不受通视条件制约等诸多优势，已经在勘查点测量、地形测量以及勘查线布置等领域得到广泛应用。

一、RTK 测量技术的工作流程

（1）内业准备。在实时 RTK 外业测量之前必须对工作区实施踏勘，结合测量特征实施内业准备。首先确定工程名称，再对控制点资料进行收集，最后进行外业踏勘，判断基准点地选择合适与否。基准站以及流动站的数据采样率通常是 1 ~ 2s 以及 4 ~ 5s，通常将高度截止角设置为 10°。如果已知坐标转换参数，可以直接写入手簿。在进行工程放样之前，要求内业输入放样点设计坐标以及线路方位角，以此确保野外作业过程中实时放样的准确性。

（2）求解工作区转换参数。RTK 测量需要在 WGS-84 坐标系中实施，但是地质勘查测量必须要在北京坐标系或者独立坐标系中实施，所以需要在二者之间进行坐标转换。对于较大工作区，应提前测好转换参数，那么在作业时就能够直接使用。必须将基准站设置在通视环境良好的位置，同时获得单点定位坐标，然后流动站利用联测高等级控制点获得转换参数，至少需要 3 个已知点。

总而言之，在煤矿生产当中，矿井地质工作具备非常关键的作用和价值。只有科学地认知矿井地质工作的特点与性质,才可以搞好矿井地质工作,才能够有效地预防煤矿顶板事故、水灾事故、瓦斯事故等,进而确保煤矿生产的安全性,最终提高煤矿生产效率与质量。

(3)基准点的设置以及测定。为确保观测精度并提升工作效率,设置基准站时需要满足下面条件:坐标点位置精确且已知。交通便利且地势较高,通视条件好,基本没有电磁波干扰的地方,以确保数据传输安全性和可靠性。为避免多路径效应的影响或者防止出现数据链丢失问题,基准站200m范围内不得出现干扰源,同时附近没有 GPS 信号反射源。

二、在地质勘查中 RTK 测量技术优势

RTK 技术概括来说具有易携带操作、速度快、精度高、功能多等优点,因此其在地质勘查中获得了较好的应用,具体而言其优点主要体现在下面几点:

(1)传统外业测量容易遭受森林覆盖、地形以及气候等多方面因素影响,而 RTK 技术却基本不受能见度以及通视等因素的影响,RTK 技术的要求较低,只要能够达到条件便可以快速测量和放样。

(2)RTK 技术具有较高的定位精度,测站之间不需要通视,获得的数据可靠安全。只要满足 RTK 技术基本要求,在一定的作业范围内其精度可以厘米级,且误差是相对独立地,不会相互影响并积累。

(3)RTK 技术具备强大的综合测绘能力,容易实现自动化,能够达到各种内、外业相关要求。基准站能够提供多种信息输出,同时实现作业精度的自动控制及记录。

(4)设备方便携带,操作简单,对作业条件要求很低。数据储存、处理、以及传输能力较强,能够很容易的与全站仪等测量仪器实现通信。整套 Trimble5800RTK 流动站的总质量不超过 5kg,同时还能够拆装,这对于施测较为困难的地区帮助很大。

(5)可以在现场实现流动站三维坐标的实时求解,并且可以实现定位精度的实时掌握。所需作业人员少,综合效率高,效益好。只需要 1 个人便能够完成 RTK 技术流动站的操作,而且测量一个点需要的工作时间只有几秒,作业速度比较快,效率高,能大量节省工作时间。

三、RTK 测量质量控制措施

虽然 RTK 测量技术具备大量的优势,但是其在地质勘查应用时还是有一定的问题,下面针对这些问题进行具体分析同时提出处理措施。

(1)多路径效应。接收机在接收到卫星发射信号的同时还会接受其他干扰信号,这会对测量效率造成明显影响。在 RTK 测量时,测量点通常不能变动,为尽可能降低多路径效应,采取的措施通常就是增加卫星截止高度角,以此来实现低高度角处卫星信号的屏蔽,但是不管怎样不可能彻底消除多路径效应。

(2)初始化问题。对于单一卫星定位系统接收机而言,如果可以锁定 6 颗卫星,其

可靠性才有可能较好。在一些复杂的地区，在某一观测时间范围内无法同时接收更多卫星信号，就会出现间隙，这时候非常容易出现假值。此种情况下采取 RTK 技术实施地质勘查时就必须实施重新初始化，所以采取 RTK 技术的时候，最重要的问题就是怎样获得充足的卫星数以及缩短初始化时间。

（3）天线相位中心误差。通常情况下天线电子相位中心时刻处于变化之中，所以很难与其机械中心完全重合，主要受到接收信号的方位角度以及频率的影响。相位中心的变化对于点位坐标的误差影响可以达到 3 ~ 5cm，如果地质勘查工程的测量精度要求不得超过 3cm 时，就必须掌握精确的相位图形，同时对其实施改正处理。

（4）数据链传输问题。导致流动站信号失锁，或者测量结果出现误差的原因是多方面的，比如信号传输过程中出现误码、传输断断续续或者数据链信号衰减等。为保证 RTK 连续且快速地得到固定解，就必须确保 RTK 移动站能够可靠、连续、且快速地接收基准站的数据链信号。

（5）坐标系统转换引起的误差。在进行地质勘查察时，利用 RTK 技术获得的测量结果一般是基于 WGS-84 坐标系的。然而流动站位置却一般不采取 WGS-84 坐标系统，所以必须进行坐标转换获得用户所需要的坐标系坐标。在进行转换的时候虽然可能引起误差，但这些误差都是厘米级的，不会在很大程度上影响测量结果。

四、地质勘查中 RTK 技术的应用

进行地质勘查的主要工作就是地形测量、勘探线剖面测量、钻孔点测量、地质点测量、坑道测量以及探槽点测量等，要求对地形图不停不断地修测和补测，但是 RTK 技术为地质勘查带来了极大的方便，和传统测量方法相比较而言工作效率得到了大幅度提升。主要工作步骤有：

（1）RTK 施测以及放样。先在工作区进行首级控制测量，在此基础上，通过点校正获取坐标转换参数，设置基准站在通视条件较好的位置，确保附近不存在强电磁干扰。如果工作区存在 5 颗以上可见 GPS 卫星，同时位置精度强弱度值不超过 6 时，只需要利用 5 ~ 15s 便可以得到固定解。每个移动站只需要安排 1 个人来进行测量操作，正式开始作业之前应该对已知控制点进行认真检查，确认系统没有错误之后，便可以实施放样作业，包括地形地物点、工程点、坑道和线剖面勘探，只需要 1 ~ 10s 便可以完成采集。RTK 处理过程非常简单，将外业测量获得的坐标利用数据传输系统传至计算机，经过整理、分类和判别之后就能够打印。在放样方面，RTK 可以实时给出导航数据信息，既能够给出定位精度，同时还可以快速找到点位；测点和放点如果设置于勘探线上同样能够很快上线。通过 RTK 放样，导航数据无须通过对讲机来传送，导航视图快速上点以及上线，这就确保了工作效率。

（2）野外作业。在基准站 GPS 接收机实时动态差分系统中输入工作区坐标系之间的转换参数；在基准点设置 GPS 接收机，同时将天线高度以及位置坐标输入接收机，再结合转换参数把地方坐标转变成为 WGS-84 坐标；与此同时，基准站通过电台发送测站坐标、观测值、卫星跟踪状态以及接收机工作状态等，流动站接收来自基准站的数据信息，经过处理之后便可以获得该点 WGS-84 坐标；再对 WGS-84 坐标进行转换，使之以地方坐标实时显示。

（3）应用实例。

工作区简介：某矿区需要进行地质勘查的面积在 $1km^2$ 左右，此位交通较为便利，处于中低山区中部。整个矿区呈现 "V" 形沟谷发育，海拔标高最高为 450m，河床标高 200m，地势比高 350m，矿区是构造侵蚀地形，坡度超过了 25°。

控制点测量：把工作区中的 3 个 GPS 点设置成为已知控制点，设于矿区附近。在其中一点放置基准站，利用流动站测量能够得到控制点 WGS-84 坐标系统的平面和大地高坐标，通过已知点可以求解转换参数，进而获得工作区加密控制点成果坐标。在进行测量时严格按照地质矿产勘查测量规范来实施，测量手段和精度均须满足相关要求。

地质点、坑道钻孔和槽探端点的测量：根据照随指随测原则来进行得质点与槽探端点的测量。钻孔放样严格根据初测、复测以及终测流程进行。根据设计坐标来实现坑道口的测定，将图根点设于坑道口，以便全站仪测量。

作业精度检测，利用三种方法实施作业精度检测，在已知点上面设置移动站获得数据，同时比较获得坐标以及正确值，总共测量了 3 个点；在不同时间段测量特征点，同时对特征点差值进行比较，总共检测了 23 个点；通过全站仪和钢尺量距检测相邻地形点的高差和距离，总共检测了 32 个点；上述三种方法总共对 58 个点进行了检测，对结果进行精度统计表明，高程和平面精度分别是 ±0.11m 和 ±0.18m，满足地质勘查精度要求。

与传统作业手段相比较而言，RTK 测量技术具备非常明显的优势，在地质勘查中利用 RTK 技术可以大幅度提升测量精度、降低测量成本、测量效率显著提升效益更好。很多成功的实践已经证明，RTK 测量技术对于地质勘查而言是一次重大的技术变革，使得地质勘查工作变得更加方便。但是，我们必须清醒地认识到 RTK 测量技术存在的问题，在具体应用过程中应该采取有效措施尽可能避免这些问题的出现，只有这样才可以确保测量精度和质量。

第二节　输变电线路工程地质勘查技术

工程地质所属于地球科学，用来研究人类工程建设与自然地质环境的影响。伴随着信息时代的到来，科学技术日新月异，人们的工作与生活离不开科学技术，在这种大环境影响下，测量、物探、试验等工作开始在设备与技术上不断更新与完善，一些新的方法推陈出新。尤其是计算机技术的普及与应用，无疑为工程地质注入了新鲜元素。基于此，本节将着重分析探讨输变电线路工程地质勘查，以期能为以后的实际工作起到一定的借鉴作用。

一、输变电线路工程地质勘查要点

（一）岩溶地区输变电线路工程地质勘查

首先岩溶发育与当地地质条件、水文条件等息息相关，熔岩生长的地区包括断裂层地段、石灰层区域、地层平缓地段，另外在地下水汇聚的地方和边缘地区都是岩溶生长高发区。岩溶发育的特点是逐层发育，导致这种现象的原因是地壳的运动，溶洞的发育一般顺着层面角度开展。若是在这种地区进行勘探需要重视的问题是岩溶发育的规律，尽量让杆塔远离岩溶发育地段，以防止岩溶的生长影响杆塔的稳定性。通过分析大量的原有资料来得出具体的施工方案，当然若资料中有未标明的地段可以采用少量的人工钻探来完成。如果输电杆塔确实无法避开岩溶发育地区，需要进行钻探或者物探来确定溶洞发育的情况以及后期对杆塔产生的影响，并提出合理的塔基处理措施。一般情况下，可用红黏土填充溶沟或溶槽，为了测出岩溶对杆塔的影响，需要对塔基四个角分别进行探察。在岩溶发育较低的地段可以采用坑钻等探测方法，而对于岩溶发育深度大的地段则需要深度较大的探测方法。

（二）滑坡、崩塌和泥石流发育地区输变电线路工程地质勘查

①介绍滑坡发生的主要特征，滑坡地形一般呈现椅状，坡度大约在 25° 左右，滑坡地区民房的墙壁可以看到裂缝，滑坡边缘的呈双沟状。在这些地区的输电线路勘探中，线路以避让这些不良地质现象发育地段为主，因此，对这些不良地质现象的识别就显得重要。②在线路的勘探过程中，当遭遇上述的不良地质条件时，必须要确定出该地质的现状，若正处在活动时期，最优的方法就是避让。但若确实无法进行可采取合理的方式进行综合整治；对一些规模大且难处理的灾害可详细分析勘探结果，进行经济性比较，当整治费用较高时可以选择其他路径。目前滑坡主要是土质滑坡，为了整个杆塔的安全应避开那些坡度较大、土层松软地区。在勘探的时候，如果遇到类似问题需要给予高度重视，为了对斜坡稳定性做出正确评判可对当地的地形地貌、土质条件、水文气象等方面进行仔细勘探。

二、输变电线路工程地质勘查方法措施

在输变电线路工程地质勘查工作中，物探实验是输变电线路工程地质勘查必备的手段。物探的方法种类较多：电法勘探、重力勘探、磁力勘探、孔内物探等。可以利用物探手段探测隐伏的地质界线、界面、岩溶洞穴、采空区、含水层等，孔内物探可以探测钻孔及外延段地质情况、地层的波速、振动强调、卓越周期等参数。特别对长隧道、岩溶区、采空区有重要作用；给长隧道的围岩等级、断层等分析，岩溶区、采空区等不良地质的区域、

埋深及厚度的界线划分提供了科学依据；孔内综合测井对岩性的完整程度及水文地质情况提供依据，波速检测对拟建场地的类型叛变提供依据。

实验主要为野外实验和室内实验，野外实验着重于孔内的动力触探和标准贯入实验，动力触探是对碎石类土的密实度野外判定方法，标准贯入是对黏性土的塑性状态和砂类土的密实度的判定。室内实验是对钻探各工点所取样品（土样、扰样、岩样、水样等）进行室内分析，为设计施工提供物理力学指标和工程施工造价提供重要支撑。

内业资料整理是任何工程必不可少的环节。对于地质工程勘探的内业资料整理：将所有野外调查资料、勘探资料、物探实验资料进行归纳总结转换为电子化格式，也是对野外调查资料、勘探资料、物探实验资料进行修正的过程。最为重要的是研究总结工程地质和水文地质条件、复杂地质构造形成的合理性、物理力学指标的可用性、拟建工程的可行性，对设计和施工提供合理化建议。

同时，在进行输变电线路工程地质勘查时应遵循下列原则：①对全线重点地段，进行地震波法、电法测试，以划分岩、土层；②对全线车站做土壤电阻率、控制性的大地导电率测试，以满足牵引变电、牵引供电及接触网等专业的设计需要；③在对重大桥梁工程，应做岩、土波速测试（含纵、横波波速），结合室内岩块测试资料，计算岩体完整性系数、划分地基土类型、场地类别、岩层风化带、隧道围岩分级、弹性模量、泊松比、绘制$Vp-H$曲线；④如疑遇以下现象，可视情况选用物探作为勘探的辅助手段：地质层突变、不良地质（含软弱地层）、区域断裂、风化深槽等。

总而言之，伴随着科学技术的迅猛发展，社会经济显著提高，电力工程地质勘查工作也有了较快的发展。工程建设规模不断扩大，建设高潮再度来临，而工程地质是其建设中非常重要的一部分，随着工程建设的发展地质勘查同样面临着新的机遇与挑战。这就要求我们在以后的实际工作中必须对其进行进一步研究探讨。

第三节　地质勘查中如何防治滑坡问题

滑坡主要是由暴雨和施工边坡切割引起的，但也与许多因素有关，如勘探设计阶段对坡体稳定性认识不足，坡体预加固措施不当等，缺乏全面勘探工作，使边坡的施工环节存在诸多问题，滑坡病害对边坡工程的应用带来影响。相应施工单位一定要对支护施工工艺进行详细处理，提升工程质量。本节笔者根据工作实践经验对地质勘查中如何防治滑坡问题进行了分析和探讨。

工程地质滑坡是人类工程活动造成的一种地质滑坡问题，这种地质滑坡的直接引发原因是人类工程活动。大规模的人类工程活动，特别是矿山开挖和水利工程建设给地质结构带来的压力远超过自然的长期夷平效应。特别是近些年西部地区大力发展基础建设，高速公路、高速铁路、西部大型水库及水利开发项目的快速发展，以及山区城市化进程的加快，导致工程地质滑坡问题越来越常见。工程地质滑坡虽然和自然滑坡问题的自然属性基本相同，但它与人类的生存环境和生命线工程有着密切的关系，因此，从社会属性来看，工程地质滑坡灾害的影响具有明显的递增性，大型工程建设的迅速发展，导致工程地质滑坡频发。为了确保我国经济和社会建设的有序进行，必须要加强工程地质滑坡勘查，预防工程地质滑坡的发生，有效治理工程地质滑坡问题。

一、滑坡的定义和类型

滑坡有广义和狭义的定义之分，狭义的滑坡定义在我国得到广泛应用，即在重力的作用下边坡局部平衡被打破从而发生了滑动现象，岩体或者其他块体发生整体性移动。工程地质滑坡主要受地形、岩石性质和水的影响，其中地形对工程地质滑坡的影响最明显。按照滑坡的形成方式和原因的不同进行划分，可以将滑坡分为以下几种：①滑坡物质的组成不同可以将滑坡划分为黄土性滑坡、黏土性滑坡以及岩石性滑坡。②根据滑坡坡体含水量的差异性，滑坡可以划分为溯流性滑坡、块体性滑坡以及塑性滑坡。③根据滑坡坡体和其他结构的不同，滑坡可以划分为匀质滑坡、顺层滑坡以及切层滑坡。

二、工程地质滑坡的勘查方法

（一）钻探

地质勘查中常见的一种方法就是钻探，主要以大中型地质泥石流灾难勘查和预防为目标。在勘查中利用钻探获取滑坡坡体地质结构、物质组成等数据，根据这些数据分析地质滑坡灾害有关的地下水层数据变化，分析地下水层相互之间的水力关系资料。通过对岩石及土壤样品的物理和机械试验，可以清楚地了解地质滑坡的厚度、波及范围、动态数据等。主轴断面既反映了地质滑坡的条件和性质，又为计算地质滑坡的稳定性和防治工程设计奠定了重要的基础。钻探深度必须按照地基工程学调查规程的有关规定执行，主轴区域的钻探必须在稳定的地层以下深度，有必要对地质滑坡的底部边界、特性及厚度进行详细的调查，并收集岩石及土壤样品。

（二）挖探

挖探的方法主要有井探、坑探、槽探以及硐探。挖探不仅仅可以直接观察地质情况，同时也可以直接对滑坡地带的岩石性质和地层结构进行分析，可以了解地质滑坡的边界，可以更准确的确定地质滑坡的边界。在钻井前首先通过取样测试获取地质滑坡的走向，这样有利于更准确地进行钻孔鉴定。一般而言，探井和探硐往往用于一种复杂的地质滑坡勘查，有利于分析其内部构造。通过对原状土样的实验分析，观察和分析现有滑带物理力学试验中相同元素的结构特征和材料组成的变化情况。一般情况下，探坑和探槽主要用于滑坡剪切发生的位置和岩土试样的采集。探坑和探槽具有探索较大面积滑坡面貌的优点，对于区别滑动体和綦座较为方便快捷，滑坡发生区域、位置和特点可以直接观察到。

（三）物探

物探是现代地质勘查中常见的一种方式，物探方法包括：声音探测、电法勘探、地质勘查、地质雷达、电视测井。物探是物理学和现代信息技术的一个重要结合应用领域，选择合理的物探方法对地层的物理性质、地质构造、地层分布进行有效的勘察。电视测井是一种可视化的地质勘查方式，可以将勘查结构直观的展示并记录下来。

（四）地质水文勘查

滑坡与水的关系是密切相关的，地质勘查时需要对地质滑坡与地下水的水位、流速、流向、渗透系数以及水与地层之间的接触力度等数据进行了解，根据需要进行钻孔，勘查工程的地质水文情况。

三、地质滑坡的防护措施

（一）加强管理

预防和控制地质滑坡灾害时，管理作用往往被忽视。地质滑坡的预防和控制，可以通过有效的加强管理进行管控，具体如下：保护已发生滑坡地区的山体结构，禁止在该区域内进行挖掘行为，加强该区域的植被管理，进行退耕还林管理，强化植被的覆盖。对容易发生地质滑坡的区域进行定期的勘查和预测，防止发生地质滑坡次生灾害。

（二）通过有效的地质保护措施

地质滑坡的防治大体可以分为两类，一种是通过降低滑坡地带的下滑力，另一种是增加易发生滑坡地带的阻滑力度，也就是说，减小下滑动力，增加阻滑动力。为了降低下滑动力通常使用的主要措施是引导地下水，利用地表导水渠对地表水进行可控性引导，通过削坡减载的方式降低容易发生滑坡地带的边坡压力，具体方法是清除开挖、截水、防水、排水，削减坡度和压脚等。增加阻滑动力的措施主要是坡脚压载和支挡方面，具体方法是设置防滑挡墙，打抗滑桩，使用阻滑键，锚固支护等。

我国正在全面改善基础建设，山区地区的基础建设也在进一步加强，并逐步得到改善，通过有效的措施让人们免受滑坡地质灾害的严重威胁。要不断地发展地质勘查的方法，探索高效、精准的地质勘查方法，结合现代化技术构建可靠的地质滑坡防护，根据实际情况做到科学有效的防范地质灾害的发生，降低地质滑坡灾害的发生。

第四节 中小河流河道治理工程地质勘查技术

近年来，随着国家对水利工程的投资不断加大，中小河流、河道治理工作依次展开。在这种情况下，该怎样提高河道治理工程地质勘查技术水平是值得我们去深究探讨的问题。本节概述了某中小河流河道治理工程的现状及存在的主要问题，对工程地质条件做出评价，最后提出合理性建议。

一、工程地质勘查现状及存在的主要问题

（1）现状。该河流全长 20.30km，是流经其附近乡镇的主要排水河道。流域内主要地形为山丘、平原，每逢暴雨，山水、高地水顺势汇流较快，抢占河槽，涝水无法及时排出，洪涝灾害严重，该河流洼地受灾最重，制约了本流域内国民经济的发展，亟须尽快进行综合治理。

（2）存在的主要问题。①河道年久失修，河床淤塞，堤防损毁严重，防洪标准极低。②现跨河桥梁及拦河闸等跨河建筑物设计标准较低，年久失修，损毁严重，部分桥梁设计孔径较小，梁底高程较低，严重影响泄洪及排涝功能。③现大部分堤段堤顶高度不能满足设计要求，急需整治。④河道缺乏管理，管理手段和管理设施落后。

二、工程地质条件

根据工程地质调查、钻探揭露和室内土工试验成果，本次勘探范围的主要地层自上而下可分为①填土、②粉质黏土、③淤泥质粉质黏土、④粉质黏土。描述并评价如下：①填土：棕黄色，稍湿~湿，可塑，稍密，主要为粉质黏土，局部夹粉细砂、粉土。表层 0.5m 以内含植物根系，较为松散，局部含少量碎石。②粉质黏土：棕黄、灰黄色，湿，硬塑，切面较光滑，稍有光泽，干强度与韧性中等，含铁锰质结核，夹稍密状粉土、粉细砂。该层强度一般，抗冲能力一般。③淤泥质粉质黏土：深灰色，流塑~软塑，湿，含腐殖质，夹粉土、粉细砂。该层强度较软，抗冲能力较差。④粉质黏土：黄褐色，硬塑~坚硬，湿，该层未揭穿，该层强度高，抗冲能力强。

地下水类型为孔隙潜水和孔隙承压水，主要接受大气降水入渗补给，汛期受河流补给，赋存于填土中，排泄到河流和低洼处。根据勘探深度范围内黏性土的分布和组合关系，堤基地质结构主要为双层结构，即上黏性土、下淤泥质土。综合考虑历史险情和堤基地质结构等因素，堤基工程条件可定为 B 类。

三、工程地质条件评价

（一）场地适宜性评价

该堤防及邻近无大规模区域性活动断裂通过，地质构造较简单，总体稳定性较好，自然环境条件优越，可进行河道治理工程的实施。

（二）场地地震效应及砂土液化评价

勘探区工程抗震设防烈度为Ⅵ度，地震动峰值加速度为 0.05g，地震动反应谱特征周期为 0.40s。根据勘探资料，结合规范，该工程场地土类型为中软土，场地类别为Ⅱ类。勘探区工程抗震设防烈度为Ⅵ度，不考虑工程场地液化问题。

（三）不良地质作用评价

河流两岸大堤破坏严重，达不到二十年一遇的防洪要求。堤身填土以粉质黏土为主，局部含生活垃圾、瓦块、碎砖，表层夹植物根茎。填筑质量不均一，局部较差。在高水位行洪时，可能会发生坡面冲刷及堤身渗漏，影响堤身稳定。

（四）场地地基条件评价

拟建场地上部第四系覆盖地层结构较简单，上部填土厚度不均，均匀性较差，下部黏性土层分布连续，厚度较稳定，性质较好，综合评价场地岩土层均匀性一般。

（五）场地稳定性评价

场地地形较平坦，岩土层种类较多。在勘探范围内未发现滑坡、泥石流及崩塌等不良地质作用和不利埋藏物。因此，判定场地稳定性较好，适宜本工程实施。

（六）设计所需岩土层参数

堤基地质结构包括多层结构、双层结构和单一黏性土结构。

（七）场地水腐蚀性评价

根据对周边环境的调查，拟建场地附近无污染源，场地内的地表水、地下水及土层均未受到污染，依据本地区经验及邻近场地水样分析结果，结合规范判定场地地表水、地下水均对普通硅酸盐混凝土无腐蚀性，在干湿交替环境下亦无腐蚀性。判定场地地表水、地下水均对普通硅酸盐混凝土结构中钢筋具微腐蚀性。在干湿交替环境下对混凝土中的钢筋亦具微腐蚀性。

（1）拟建场地平坦开阔，不存在不良地质现象。

（2）判定河堤区地下水、地表水均对普通硅酸盐混凝土无腐蚀性，在干湿交替环境下亦无腐蚀性。判定河堤区地下水、地表水对砼、砼结构中钢筋及钢结构均具微腐蚀性，在干湿交替条件下对钢结构体亦具微腐蚀性。

（3）工程区地震烈度为Ⅵ度，可不考虑液化问题。场地土类型为中软土，场地类别为Ⅱ类，设计基本地震加速度为 0.05g，特征周期为 0.40s。

（4）堤防、堤身填土质量较好，但局部堤段存在堤身压实程度不均匀，堤基未清理或清基不彻底等缺陷，在整治加固时应采取相应的处理措施。

（5）对河堤进行加宽加高处理，使其堤顶宽度、堤底宽度、河堤堤顶标高达到设计要求。堤身填筑土的压实程度要求，建议黏性土的压实系数不小于 0.92。

第五节　地质勘查中的物、化探勘探技术

随着人们对矿产资源的需求量的不断增加，地质勘查工作量也越来越大，要想提高地质勘查工作的质量和效率，需要相关工作人员能够全面且扎实地掌握物、化探勘探技术，并能将其熟练地运用到实际的工作中去。本节将对地质勘查中物、化探勘探技术进行全面的分析，如何具体使用物、化探勘探技术，希望能够对我国地质勘查工作有所帮助。

通常情况下，相关企业在进行地质勘查工作的过程中，往往需要工作人员使用相应的物、化探勘探技术来全面并细致的勘探地表内的矿物质。而且，在具体的工作中，相关工作人员也会相互配合使用，并根据具体的情况和实际需求使用这两种技术，从而更好地验证地质所有的异常性质，更准确的分析出矿石和非矿石。

一、物探勘探技术的应用和分析

在实际开展地质勘查的过程中，物探勘探技术就是相关工作人员所使用的地球物理勘探技术，在具体的工作中，不同的物探方法的精度会有比较大的差异。通常情况下，物探所得的数据具有多解性的特点，在地质勘查的不同阶段，相关工作人员需要充分考虑当下的情况，然后再针对性的采用不同的物探方法。同时，工作人员也需要重视观察并检测当时的地质环境，然后进行综合的物探勘探工作，从而得到理想的勘探结果。以下是几个重要的物探勘探技术方法：

通常情况下高密度的矿物资源，或者高密度基岩伴生的矿物资源的勘探工作相对来说比较复杂，相关工作人员一般都会采用重力法。

电磁法也是普遍用于地质勘查中的物探方法之一，一般来说，它可以分为时间域电磁法、直流电法以及频率域电磁法共三种方法。时间域电磁法中又包含两种方法，其中，与长偏移距离瞬变电磁法相比，瞬变电磁法的分辨率更高些。而且，它在可以为相关工作人员提供可靠且准确的数据信息，确保圈定岩浆岩接触带等方面工作的质量和效率。另外，

在使用频率域电磁法时，相关工作人员可以利用随时间变化而改变的电磁场分量，来准确地测量地下电性结构。一般来说，标准的频率域电磁法又可以被叫作大地电磁法，它不仅具备勘探深度大等优点，而且它更适用于勘探高导矿体，可以帮助相关工作人员更方便圈定岩体边界，同时该方法所使用的设备相对来说也比较简便。

一般来说，矿产资源勘探工作可以使用多个不同的方法，但其中最有效的方法还是地震法。但实际上，在矿产资源勘探中的应用还是比较少，主要是因为矿产资源往往会受到岩浆活动的影响，所以，相关工作人员无法准确地获得数据信息。在现阶段内的地质物理勘探过程中，GPS全球定位系统技术逐渐被专业人员接受并广泛地运用于实际工作中。该技术可以确保物探仪器在野外的定位精度，提高其工作质量和效率，从而有效地提高地质勘查工作的效率，而这也是物探勘探技术和应用发展的主要方向。

磁法是地质勘查工作过程中使用过的所有物探方法中最经典的方法之一，一般来说，由于底层断裂处有较多的岩浆岩和金属矿，而当岩浆活动时往往会伴随着热液活动。大部分磁性物质中都有岩浆岩，相关工作人员需要在地表进行合理的磁性实验，从而找出所需的金属矿，实现找矿和地质勘查的工作目的。

二、化探勘探技术的应用和分析

（一）化探的具体分类

地球化学找矿主要方法之一就是化探，相关工作人员借助该技术可以系统地测量相关的地球化学指标，进而使工作人员进行全面且细致的研究，然后再根据具体情况来完成相应的地质勘查预测工作。

在实际的地质勘查工作中，相关工作人员需要根据所勘探对象来考虑技术和方法的使用，一般来说，化探技术可以分为多种方法，比如金属矿化探和非金属矿化探等等。与其他勘探方法相比，化探勘探技术更适应于地质勘查中检测采样介质的多变性的工作中；而且，相关工作人员使用该技术可以及时且更加准确地测出相关元素的分布特征等。同时，化探勘探技术能够帮助工作人员及时获得全面且准确的数据质量，并获得丰富的指标信息，从而更好地进行就地分析工作，由此可见，化探勘探技术的应用相对来说比较灵活。在之前的化探技术的分析和应用中，相关工作人员主要是采用半定量光谱分析和比色分析等方法，随着科学技术不断创新和发展，先进的高精密度自动化分析仪器被广泛地用于化探工作中，它们具有极高的灵敏度，是具有较高使用价值的仪器，可以提高地质勘查工作效率。

（二）化探异常情况分析

在实际的地质勘查工作中，相关工作人员在确定矿体的具体位置时，往往会使用化探异常的方法。通常情况下，化探异常可以按照以下几种方法进行分类：首先，相关工作人员可以按照采样介质将其分为土壤异常、水系沉积物异常以及岩石异常等；其次就是按照造成异常情况出现的具体因素进行分类，这样一般可以分为深部异常、构造异常、矿异常以及岩体异常等。另外，相关人员也可以按照出现异常的程度以及异常的范围进行分类，则可以分为正异常、负异常、弱异常等。

化探异常评价的原则分以下几点：化探异常的面积，强度以及异常的规模和元素分带特征等。通常情况下，在优选化探异常的过程中，相关工作人员可以根据具体的情况，合理的使用模式辨认或者异常界限的划定等方法，进而完成相应的圈定工作。通过使用模式辨认的方法，相关工作人员可以将矿异常与岩性异常等区别开来，而划定异常界限则可以帮助相关工作人员分析和对比异常的面积和强度等。

化探异常的优选方法有以下几种方式，首先是经验分析法，这就需要相关工作人员主充分考虑化探异常的规模和强度等化特征，并将其与所处的地质的背景情况和已知矿异常的相似性等准则结合起来，然后再根据自己国王的经验在地化图和异常图上直观优选。其次就是模型类比法，这需要相关工作人员能够对所建立的模型进行类比，进而挑选出最有找矿前景的异常情况。另外，使用 GIS 技术也是化探异常的一种优选方法，借助该技术可以完成异常优选和找矿区的预测工作，这就需要相关工作人员提取信息并建立合理的信息库，然后再及逆行空间分析技术。最后的化探异常优选方法就是含矿元素的勘探及圈定，这就需要相关工作人员采取科学的手段来制定矿区预测图，进行优选化探异常，有效地提高地质勘查工作的质量和效率。

物探和化探勘探技术在地质勘查工作中具有举足轻重的作用，它们能够帮助相关工作人员更好地寻找黑色和有色金属等矿产能源，而且工作人员也可以利用该技术来对所采集到的相关数据信息进行有效的处理。

第六节　物探与钻探相结合在地质勘查中的应用

随着科技的进步，出现了许多新的勘探技术和设备。这些新技术和新设备的应用，提高了地质勘查的效果和质量。现阶段，物探与钻探技术相结合的方法在地质勘查工作中得到了广泛的应用。基于此，文章分析了物探与钻探技术相结合的实际应用和有关注意事项，并提出了提高地质勘查技术水平的相关建议。

一、物探与钻探技术相结合的实际应用

（一）直流电阻勘探技术

直流电阻勘探技术是借助探测勘测设备从观测点进入，逐步深入地下进行勘探，并通过电阻率的变化了解地下岩体情况的一种技术。该技术的应用在一定程度上能够对地下岩体的规模和分布情况进行了解，因此，很多工程勘探中应用了此项技术。近年来，随着科

学技术的不断发展，出现了高密度电阻率勘探技术，大大提高了地下物质的勘探效果，尤其是在城市建设中，能够有效勘测浅层地下物质，为城市建设提供信息资料支持。在地下岩层勘探中，该技术也能够有效勘测地下垂直范围的岩体或小倾角范围内的岩体，如果倾斜角度变大，就会增加电测探的难度。因此，可在了解岩层分布的情况下，利用电测探的方法为中小型工程项目建设提供服务。

（二）瑞雷波技术

瑞雷波技术是指在稳定状态或者瞬时状态下，对地下岩体进行观测的一种技术。由于稳定状态时，资金耗费高、设备体积大，在实际地质勘查中的应用受到了一定的限制。在瞬时状态下，该技术对设备要求不高，操作相对简单，且测定效率较高，所以，在地质勘查中得到了广泛的应用。瞬时状态下的瑞雷波技术，测试信号主要来自冲击地震波（垂直作用于地面），在该类波影响的范围内，可有效集中瑞雷波信号，并利用其反射波达到正演和反演的目的。另外，该技术具有较强的兼容性和较高的智能化程度，因此，当深度改变时，该技术依然可以测定实际钻孔深度的岩层情况。经大量实践分析表明，通过对比相关数据，发现钻孔分层位置与频散曲线的之字形拐点的位置相同，因此，进行矿山勘测时，可采用与测量、钻探资料相结合的方式对岩层的走向和钻孔的结构进行清晰地描述。

（三）地震波勘测技术

地震波勘测技术的原理是通过地波的方式对地下物体进行探测，主要包括两种波：反射波和折射波。具体来说，是通过观测和分析反射波（或折射波）时间场沿测线方向的时空分布规律，确定地下反射面（或折射面）的构造形态、深度、性质等数据。地震波勘测技术具有准确度高、成果单一的特点，缺点是成本较高。但是，其良好的勘测效果使其在地质勘查中得到了广泛的应用，特别是 CT 技术的应用，可以对地下岩体进行成图处理，提供可靠的信息资料。总之，结合 CT 技术的地震波勘探技术提升了勘探效果，给场地动力学提供实际的参数资料，为地质研究、工程建设奠定了基础。

（四）地质雷达勘测技术

相比以上几种勘测技术，地质雷达勘测技术较为复杂，分辨率、勘测深度易受距离、电磁波功率、天线方向等方面的影响，因此，在应用该技术时，需全面考虑各种影响因素。现阶段，工程中常用的地质雷达观测方法是剖面法和宽角法构成的双天线地质雷达观测。

二、物探和钻探技术相结合应用中的注意事项

（一）直流电阻法应用方面

直流电阻法进行探测时，可能会出现异常区误判的问题。在采用直流电场的全空间三

级超交汇技术时，很可能对异常区进行错误判断，尤其是富水性难以准确判别，导致物探结果出现多解，进而影响后续工作进展。

（二）千米钻机方面

千米钻机是钻探中常用的一种机械设备，具有机身大的特点。在实际钻探过程中，受综掘机影响，小断面使钻机难以前移，或存在较大倾角时钻探难以施工，所以，应在巷道选择适宜的位置作为施工钻场，并利用具有钻孔距离长、定位准确、覆盖面广等优势的千米钻机进行异常区的钻孔工作。

（三）物探结果多解性方面

为了避免物探结果多解性的出现，在物探过程中，应做到以下几点：①技术人员要合理选择物探地点，严格控制工作面导电体等物理因素。在物探前，应将工作面的供电切断，并有效解决和处理可能影响物探结果的其他物质；②在钻探过程中，要综合分析岩性、飘钻等问题，降低对物探结果的影响。

三、提高地质勘查技术水平的相关建议

（一）培养地质勘查专业人才

在市场经济体制背景下，人才是各个领域发展的重要因素，地质矿产勘探工作亦是如此。因此，要结合地质矿产勘探科研单位及相关院校开展地质勘查专业技能人才的培训工作，从而培养该专业的人才，增加培训人员的知识储备，提高培训人员的专业水平。另外，在实际的地质勘查工作中，如果遇到新问题、新情况，相关工作人员应积极应对，并对此展开讨论和相关内容的培训，从而提高工作人员解决问题的能力，进而满足地质矿产勘探的发展需求。

（二）对地质矿产勘探理论和技术进行创新

地质矿产勘探理论在地质矿产勘探工作中发挥着重要的指导作用，是该工作开展的重要基础。在科学技术不断发展的背景下，应充分利用现代网络技术、计算机模拟技术、专业辅助技术等，对地质矿产勘探的理论和技术进行创新，并大胆应用新技术、新方法，从而实现地质矿产勘探理论水平及勘探结果质量的提升。

（三）研究机制的创新

为了更好地进行地质矿产勘探开发工作，应构建相关机制、制订相关政策和措施还要对矿产勘探机制进行创新，提高地质矿产的开发效率。就矿产勘探机制创新来说，应做到以下几点：①矿产勘探前，应认真研究已有的地质环境和结构，详细了解矿产的成矿时间和地质事件等；②在上述基础上，结合待探测区域的地质环境，绘制详细的探查信息图，并在图上标注该区域的地质结构构造、矿产资源分布等信息；③对于一些重要的地质构造区域，应进行重点探测，为后续的矿产开发打下坚实的基础。

总而言之，物探方法与钻探方法的结合能更好地进行地质勘查工作，不仅提高了勘探的效率，而且能够提升勘探的质量，为矿产开发、工程建设等方面提供信息依据。为了达到地质勘查的目的，还应加强勘探机制、方法、技术等方面的创新，培养地质矿产勘探技术人才。

第七节　环境地质问题在地质勘查中的重要性

对地质勘查工作来说是一项和环境紧密相关的工作，在开展工作中需要考虑到环境地质问题，认识到做好环境地质工作对于地质勘查的重要作用。地质勘查是为了更有效地进行资源开发利用，其中环境地质这是一项对勘探质量具有重要影响的问题，因此需要处理好这项问题。

地质勘查是资源开发利用的一项基础工作，在这当中环境地质问题起到了具有重要地位。处理好环境地质问题将会提高地质勘查质量，处理不好则会影响勘探质量，从而影响资源开发利用效果，因此在认识到环境地质问题重要性的基础上，对这些相关问题的了解、思考与实践显得尤为重要。基于此本节以环境地质问题与地质勘查为研究对象，对地质勘查工作中与环境地质有关的问题从四个方面展开论述，旨在通过论述为广大勘探工作人员树立环保观念，为做好本职工作在理论上提供参考。

一、矿产资源和地质勘查

矿物与其衍生物在人类各方面文明都有所渗透，从现代世界而言矿产资源能力象征着财富，象征着权利，在现代社会中对经济政治与文化来说起到了支柱作用。从日常生活而言矿物与奢侈品之间有一种不可切割的关系，对家庭财富具有反映作用，对矿产资源来说这类资源不可再生。伴随不断的开发与利用，从储量与可以开采的资源上来看逐渐减少，与之相对应的是在人力资源上出现了严峻的供应问题，所以在资源预测和勘探使用中地质学家发挥了很重要的作用。

二、环境地质相关问题简析

环境地质问题指的是在环境方面存在多样化的因素，包括了水圈与大气圈等各部分。在环境地质上看是指合理地对资源进行开发，通过对地形和地貌景观对稳定区域加以建设，通过生态地质环境促使人们更好地进行生产生活。环境地质方面的问题对人们生产生活与在社会经济上的发展具有重要的制约作用。从现阶段来看环境地质这方面的问题主要有地质灾害等，在城市化推进过程中因为不合理的开发建设与不科学的规划问题，使得环境地质这些问题得以出现。近几年来尤其是进入到新世纪，发生概率越加增高，危害越加严重，在生命财产安全上带来了威胁，给国家在经济上产生损失。环境地质这种问题是当前重点预防和解决的一项难题，从南北方来看南方发生问题的概率要高一些。近些年来我国在这方面投入了大量资金，很多危险点被消除，但依然存在很多问题。

三、勘探基本步骤

一般而言地质勘查过程以分阶段来开展，第一个阶段为设计与规划草图，主要目的在于为建设地区地质条件进行初步调查。对区域稳定性的论证，结合地质条件的论证，以及某项建设的合理性与经济性、在技术上的可行性，这些需要文献档案等相关资料内容才能够完成。第二个阶段为初始设计，通常来说勘探工作是在指定的区域内进行的，在建筑场地上要求地质条件是最优质的，对地质问题进行适当定量与定性评价。在该阶段勘探与测绘、少许的试验工作都是必不可少的。第三个阶段为设计施工图，从实际施工情况来看应对基坑与挖方等进行编录，对建筑物的地基进行验收，对自然地质产生的作用与地下水等问题进行长期观测，结合实际施工情况做好各种试验工作。

四、重要性与应对措施

（一）重要性

从以往的勘探工作来看场地周边环境地质这些问题并没有受到重视，甚至被忽略。伴随环境地质这项问题的日益突出，勘探当中地质勘查将占有重要地位。从事实上来看环境地质上的勘探在地质勘查工作中有着重要位置，二者不能被分割。一直以来人们的目光侧重在眼前利益上，对长期危害并没有注意，也没有顾及，勘探工作并不到位，甚至觉得没有勘探工作一样也很合理。很多事实证明环境地质这项勘探工作有着重要地位，是勘探工作首要解决的任务，其他勘探工作做得再好，如果地质勘查工作较为缺乏，对于场地与规划区域并不了解，不清楚，对任何防治措施手段没有及时采取，在该种场地区域下潜藏着巨大的危险，损失很难被估量。从中可以看出任何一种建设项目，任何一种资源规划工作，都需要将评价工作做好，对防灾区域加以划分，对已有或是潜在的问题加以明确，采取相应防治措施与手段，新的项目规划和实施才能开始，任何一项超前行为都会产生难以想象预测的后果。

（二）加强地质勘查工作，认真发现分析和预测问题

为保障国民经济发展的稳定性，需要对环境地质问题进行妥善处理，但对于这项问题的有效处理与防治是一项长期紧迫的问题，具有很大的难度。对加快问题调查与评价、治理，有效管理与监控资源开发与利用问题，管控处理环境污染问题由此显得很重要，对于高新技术手段的研究，在开发应用中使地质环境优化问题得以实现。这要求勘探企业要对勘探工作加以重视，坚持实事求是的原则将已有与潜在的问题找出来，对产生问题的原因进行分析，对发展趋势与危害性做出分析，对实际的调查评价报告进行提交，将防治措施提出来，为治理工作在技术上提供保证。如对待建场地的建设，多处存在性土质边坡的问题，个别后缘裂缝得以产生，使不稳定的斜坡问题，在开展地质勘查工作中加强勘探工作，如果只是对地层岩性加以划分，对地下水位加以量测，只是注重这两项工作，土质边坡勘探被忽略，仅仅是拍照片而已，没有钻探与坑探揭露问题，土体堆积在厚度上并不详细，在水文地质条件上并不清楚，无法对稳定性的边坡问题进行评价，或者忽略不去做，当作是普通简单的事情进行分析与评价，试想在此场地环境下完成工程建设滞后潜在的隐患有多么大，危害有多么大，这些都是不言而喻的。

通过以上论述可知，本节从四个方面对环境地质问题在地质勘查中的重要性展开论述。环境地质问题是地质勘查中一项需要处理的重要问题，处理好环境地质相关工作也是一项开展地质勘查工作中一项重要的工作。在开展地质勘查工作中应认识到环境地质问题对地质勘查工作的重要影响，首先要了解环境地质相关问题，这就需要对当地环境进行考察了解。了解地质环境概况，根据考察的情况做出分析，对问题加以发现，分析与预测，针对存在的问题采取好对策，制定好措施，坚持主动防范与超前治理的原则，保证在治理好环境地质问题的基础上将地质勘查工作做好，为勘探工作的开展做好保障。

第八节　绿色地质勘查综合技术的改进策略

近年来，由于我国对环境保护的要求越来越高，在工业领域开始了一项新的勘探技术，那就是绿色地质勘查技术，该勘探技术争取在不破坏环境的基础上达到对地质和地皮的勘探目的。目前，绿色地质勘查技术还存在着一些问题，主要有绿色地质勘查的工作环境有待优化、对找矿信息的重视程度还不够、专业人才不足、地质勘查技术和设备不够先进等。该文对这些问题进行了分析，在此基础上提出了一些改进措施，希望能给地质勘查工作人员带来一点启示。

如今，随着时代越来越快的发展，频繁的人类活动，过度地使用资源，造成如今的环境质量越来越差。随着对环境保护的重视，在工业领域一项新的勘探技术——绿色地质勘查技术发展起来，该技术争取在不破坏环境的基础上达到对地质和地皮的勘探目的。虽然

绿色地质勘查技术在我国已经应用了很长的时间，但是无论在技术上还是在设备上都还有很大的上升空间。下面，就对绿色地质勘查技术中出现的问题进行分析与探讨。

一、绿色地质勘查工作存在的一些问题

（一）绿色地质勘查的工作环境有待优化

绿色地质勘查的环境分为内部环境和外部环境。近年来，由于我国整体环境质量的每况愈下，绿色地质勘查外部环境的质量也随之变得越来越差，外部环境质量的变差直接导致内部环境的质量，这在一定程度上影响了勘探工作的进行。另外，由于一些人对绿色地质勘查工作还存在着不少误解，他们认为地质勘查工作就是对自然资源的占有和破坏。因此，我们的地质勘查工作人员在外进行实地工作时被人们误解为在挖掘自然资源，常常会受到当地民众的阻挠，给勘探工作带来了难度。特别是一些当地居民认为勘探后将会进行资源开采，会给当地环境带来巨大的破坏，因此百般阻挠。其实并不然，绿色地质勘查只是对大地里存在的资源进行探索而已，探索出来的资源还是服务于人民的。

（二）对找矿信息的重视程度还不够

找矿信息的准确程度直接影响着勘探工作是否能顺利进行，同时也与地质勘查工作的成本投入有一定的关系。可想而知，如果找矿信息准确的话，勘探技术人员就能根据定位准确地找到工作地方，这样能节省时间，还能省下很多的人力、物力和财力。反之，如果找矿信息不够准确的话，那么还要花费大量的时间去确定位置，这样会花费大量的人力、物力和财力，得不偿失。而就实际情况来看，有些企业对找矿信息的准确性还不以为然，没有引起足够的重视，企业应该加强这方面的认知力度。

（三）专业人才不足，地质勘查队伍的建设有待加强

目前就地质勘查的建筑企业来说，最重要的问题应该就是专业人才并不多，可以说严重不足。因为绿色地质勘查工作不仅要求有扎实的理论基础，同时还必须要有丰富的实践经验，而两者都具备的人才可以说少之又少。专业性不强，就无法对地质勘查工作进行科学、合理的解决，而实践性不强，就无法对工作中突然出现的问题进行妥善的处理，处理不好，还得要求其他员工来解决，在实际工作中会遇到各种各样的问题，而人才本来就稀缺，没有专业人士会专门地教你实际操作。所以，绿色地质企业目前最缺乏的就是理论知识与实践经验都有的专业型人才，加强队伍的建设才是当前工作的重心。

（四）地质勘查设备不够先进

地质勘查设备是保证勘探效果准确性的一个重要因素，绿色地质勘查必须要求设备的先进性。在以往的地质勘查过程中，一些企业由于使用的勘探技术比较落后，使用的勘探

设备比较老旧，导致了地质勘查问题多发，不仅不能达到绿色勘探的要求，对地质和环境的破坏较大，而且无法准确、全面地进行岩土工程的勘探。因此，为了得到准确有效的勘探资料数据，未来对地质不造成没有必要的伤害和破坏，做好绿色地质勘查，就必须要对勘探设备的硬件设备进行升级，对勘探设备进行优化，以此来提高勘探效率。

二、解决绿色地质勘查工作中问题的对策

（一）优化绿色地质勘查的工作环境

要想提高地质勘查工作的效率，首先应当改善工作的中的环境，不仅要改善内部环境，还有外部环境。国家和政府应当加大在这方面的改善力度，制定一系列相关政策和措施，让人们对地质勘查工作有新的认识，重新了解一下地质勘查工作的本质和它在人们生活中的作用，有了新的认识，人们便不会对其工作有误解，这在一定程度上为地质勘查工作提供了良好的工作条件。

（二）提高对找矿信息的重视程度以及准确程度

想要准确无误地开展绿色地质勘查工作，找到准确的矿源信息是关键，这是地质勘查工作的前提，相关工作人员也应当提高对找矿工作的重视程度。同时，工作人员也应该加强学习，多参考各方面的书籍资料，提高自身的技能，从而能够准确无误地找到矿源。这样能节省很多的时间，也为地质勘查工作节省了大量的人力、物力和财力，保证工作能够顺利进行。在地质勘查工作中，有的技术人员由于缺乏实践经验，在找矿源时没有准确性，导致后期的开采工作浪费了大量的时间，结果什么都没有找到，不仅浪费时间，还花费了大量的金钱，造成了巨大的经济损失。所以说，工作人员必须提高找矿工作的准确性，为以后的开采工作打好基础。

（三）加强对绿色地质勘查队伍的建设

勘探技术人才是进行工作的前提，具有高素质、高技术、高水平的人才，会给地质勘查工作节省很多时间，所以，企业应当加强地质勘查队伍的建设，保证队伍人员的高水平。首先，国家应当在高校开设相关的课程，鼓励大学生们积极学习这个专业，为这个行业培养大量的人才。其次，企业也应当定期为员工进行培训，加强他们的技术水平，也可以让他们的水平与世界接轨，成为更加专业的高技术人才。最后，还应当完善员工福利制度，绿色地质勘查工作是一项比较危险的工作，技术人员在工作过程中会遇到危险，有完善的福利制度能促进员工们工作的积极性。

（四）使用先进的地质勘查技术和地质勘查设备

近年来随着科学技术的不断发展和进步，一些先进的勘探技术和地质勘查设备层出不

穷。做好绿色地质勘查工作，就要合理利用好这些先进的勘探技术，充分利用先进的地质勘查设备。作为地质勘查技术人员，要不断钻研和学习新的地质勘查技术，跟上时代的步伐和科技的发展。作为勘探企业和勘探机构，要在设备的更新换代上舍得投入资金，及时淘汰落后的地质勘查设备，与国际接轨，充分利用最先进的设备。购买设备后也要做好使用者的技术培训工作和设备保养工作，让先进的技术和先进的设备成为开展绿色地质勘查的基本保障。

经过长时间的累积和实践，我国的地质勘查技术已经形成了特有的技术，有了自己的特色。但是工作中也还有很多问题存在，勘探工作的内部环境和外部环境有待提高，较差的环境会给勘探工作带来一定难度，找矿信息的准确度也不高，还缺乏大量的专业人才，这都给勘探工作带来了阻碍，想要提高勘探工作的效率，就必须实际解决这些问题。

第九节 土建工程项目地质勘查与基坑支护设计

文章简单介绍了土建工程项目概况，分析了土建工程项目地质勘查的相关情况，探讨土建工程项目基坑支护设计，以充分发挥地质勘查的重要作用，全面了解土建工程项目建设的实际情况，根据地质勘查结果来进行科学的基坑支护设计，选择合适的基坑支护形式，提高土建工程项目基坑护壁的稳定性，确保土建工程项目建设质量，从而实现土建工程项目建设效益最大化。

近年来，随着我国社会经济的高速发展，土建工程行业也取得了一定的成绩，在迎来全新发展机遇的同时，也面临着一系列的挑战。基于人们对基础设施的需求越来越大，工业建筑建设规模逐步扩大，数量也不断增多，基坑开挖深度也随之提高，这就对土建工程项目建设提出了更高的要求，必须重视地质勘查和基坑支护工作。加强土建工程项目地质勘查和基坑支护工作，有利于保障土建工程项目建设质量。在土建工程项目建设中，基坑工程是其中重要组成部分，必须予以高度重视，不容忽视，地下基础施工并不是一项简单的工作，具有一定的可变性，为保证土建工程建设项目的安全性，应当做好基坑支护选型工作。

一、土建工程项目概况

本节土建工程项目案例具体情况如下：总用地面积约为 7 000 m^2，建筑占地面积约为 3 000 m^2，地上总建筑面积约为 46 000 m^2，地下总建筑面积约为 10 000 m^2，办公楼的高度为 100 m，设有营业厅。设两层地下室，基础埋深为地下 8 m。

此土建工程位于四川省成都市，所在项目的地形平坦，原始地貌的最大相对高差约 1 m。具备丰富的地下水源，主要类型有两种，一种是上层滞水，另一种是潜水。地层分布有一定的复杂性，在施工之前需要做好地质勘查工作。

二、土建工程项目地质勘查相关情况

（一）地质勘察设计目标任务

土建工程项目地质勘查工作的目标任务主要有：第一，要勘探施工所在区域的地层结构，了解地基的岩性特征，掌握其岩土的物理学性质；第二，要通过科学的勘探来准确把握其地下水位所在位置，把握水的类型和水位的变化规律，查明其埋藏条件；第三，要对地基进行不良地质成因的勘探和分析，以寻找到其中的规律；第四，通过勘探得出的数据，进行详细分析，初步对地基施工所在地的稳定性进行分析；第五，经过勘探后要对施工场地进行级别分类，划分场地的类型，计算场地的地震动参数；第六，根据勘探情况提出初步设计的岩土力学参数，分析地基承载力及其变形参数；第七，勘探后要对岩土工程进行综合评价，为基坑支护设计提供重要数据。

（二）地质勘查任务

针对本节土建工程项目，实施地质勘查工作，其任务是：第一，勘探范围。本工程需要开挖基坑的初步深度在 8 m，因此在进行地质勘查的时候，结合到周围的建筑环境，除在建筑场地内进行勘探外，基坑外的勘探范围不宜小于基坑深度的一倍，当需要采用锚杆时，不宜小于基坑深度的二倍；第二，勘探点布置。一般来说，面对较为复杂的场地时，勘探点间隔距离保持在 15 ~ 20 m 之间。

（三）孔深设计

在设计孔深的时候，要满足一定的要求，钻孔深度应当大于地基变形计算深度。本工程孔深的设计如下：办公楼的孔深设计为 35 m，营业厅的孔深设计为 25 m，地下室的孔深设计为 20 m。

（四）地质勘查设备

在实施地质勘查工作之前，应当做好充分准备，根据实际勘探工作量来制定科学的工期计划，准备好施工设备。本工程项目的地质勘查计划工期为野外工作 6 d，室内资料整理 7 d。需要用到的机械设备有：野外钻机设备主要为全站仪、SH-30 型冲击钻机、XY-100 型回旋钻机、标贯器、动力触探器和取土器；室内试验设备主要为光电液限仪、干燥箱、数字自动仪和三联中压、高压固结仪等。

三、土建工程项目基坑支护设计

(一) 选择基坑支护方法

目前，在土建工程项目中，基坑支护方法主要有以下几种。

第一种是水泥土重力式围护结构。这种基坑支护方法在实际应用中比较常见，主要是利用深层搅拌法，或是高压喷射注浆法来实施，若是为了降低此种支护方式的施工成本，那么可以采用格构体系。主要是通过在基坑周围用水泥土、天然土形成的挡墙来对土体进行围护，以提升基坑的稳定性。

第二种悬臂式围护结构。这种基坑支护方法是利用钢筋混凝土桩、桩墙、钢板桩等来构成围护结构。采用的方法主要为钻孔浇筑、击入锤击等方式。此种结构原理在于利用较深的入土深度和抗弯能力，来保障基坑的稳定性。在应用悬臂式围护结构的时候，应当了解悬臂结构承受弯矩、水平方向位移分别与开挖不同深度工况的函数关系，要根据实际需求合理控制开挖深度，以防悬臂结构发生变形，防止其对相邻建筑产生不良影响。一般应用于拥有较好土质、开挖深度较浅的基坑工程中。

第三种是拉锚式围护结构。这种基坑支护方法在结构上分为两个部分，一部分是竖直围护结构，另一部分是锚固结构，锚固结构分为锚索式和锚杆式。一般应用于开挖深度较深的基坑工程中。

第四种是内撑式围护结构。这种基坑支护设计由围护结构和内支撑共同组成。围护结构部分与拉锚式围护结构相同，内撑部分则有两种形式，一种是水平支撑，另一种是竖向斜支撑，主要有钢管或钢筋混凝土两种支撑方式。前者的优势之处在于工期短、可回收，而后者的优势则表现在刚度大，并且不会发生较大的变形。一般应用于超深基坑工程中。

(二) 基坑支护设计原则

大多数基坑工程，都位于城市的交通要塞上，因此在挖坑的时候，一定要对工程周边的建筑物进行相应的保护，做好地质勘查，结合施工现场情况和建筑设计需求，来合理把控基坑的开挖深度，把控好基坑边坡的稳定性。在设计基坑支护的时候，应当遵循以下原则：一是基坑支护的设计，要考虑到工程的使用寿命，一般都是临时性支护；二是将安全性放在首位，在技术水平允许的情况下，尽可能地缩短工程施工成本，提高施工效率；三是在进行基坑支护设计，实施基坑降水的时候，要进行动态化设计，考虑到基坑降水的实际状况，并据此来进行相应的调整和优化；四是在设计基坑支护的时候，要兼顾机械设备施工、车辆运行等对周围建筑的影响，尽量避免基坑支护施工造成负面危害。在挖坑之前一定要先进行地基勘探，了解基坑周围的情况，做好监测工作。

在土建工程项目建设中，实施地质勘查工作十分有必要，勘探的过程中应当从多方面进行考虑，对土建工程项目的场地进行综合性评价，包含地形、地质、场地类别、抗震性、地下水等各方面内容。可通过地质勘查得出的结论，结合土建工程项目建设实际情况和施工图纸，来设计合理的基坑支护方案。土建工程项目建设中的地质勘查和基坑支护设计工作的高质量保障，有助于维护土建工程项目建设的安全性，推动土建工程事业的可持续发展。

第十节　地质勘查和深部地质的钻探找矿技术

在 20 世纪 50 年代之前，我们中国是没有油田的，直到大庆油田的发现。大庆油田的发现并不是偶然，而是得益于我们地质勘查和深部地质钻探找矿技术的进步与创新，得益于我国工人的不懈坚持与努力。随着社会经济的高速发展，人民日益增长的物质文化需求，我国对能源的需求和可用土地等多方面的需求也在不断增加。近年来，在国务院"关于加强地质工作的决定"的巨大影响下，该技术展速度加快，工作量增长迅速。本节介绍地质勘查的种类，勘探方向以及各种钻探找矿技术。

能源是人类文明的先决条件，人们的一切生活都离不开能源，从衣食住行到文化娱乐，均以能源为基础。地质勘查在能源的发现中起着不可替代的作用。同样，地质勘查利于发现新的居住地和耕种地，缓解住房紧张的问题。钻探找矿技术会让我们发现更多的可利用和新型污染小的能源，缓解能源使用紧张和污染大的问题，该技术的发现与创新将造福全人类。对我国而言，也会推进我国的和谐发展，长久发展，承担国际大国的能力也会增强，利于我国综合国力的增强和国际地位的提高。

一、地质勘查的种类

（一）区域地质调查

在一定的范围区域内，运用现代科学理论和技术方法，按照一定的比例尺进行区域地质调查、找矿和综合研究。对该区域的土地有充分的了解，阐明区域内岩层、地层、构造、水文，地貌，以便于以后的工作。该工作的进行，对地区经济建设和土地规划提供了重要的科学理论。若没有这项技术，我们对地区的开发将是一个难题。

（二）海洋地质调查

此项技术主要是调查海洋沉积、海洋地貌和海底构造。以前的时候，人们对"海底世界"了解不多，也不懂得如何开发海底的能源，如今随着时代发展，探究海底的各项技术和设备应运而生。起初人类发明了一些简单的潜水工具，借助依靠这些东西，人们才得以进入海底，如今，最先进的潜水器能够把人类带到一万米深的海底，唯一的缺点就是时间不够长，但这个已经是人类飞跃的进步了。我国自主设计、自主集成研制的首台潜水器蛟龙号，设计最大下潜深度 7000m 级，是第五个掌握深潜技术的国家，标志着中国海底载人科学研究和资源勘探能力已达到国际领先水平，相信我国在海洋地质调查方面也不会太差。

（三）地热地质调查

所谓地热地质调查就是根据各种文献、资料、技术、调查来锁定有前景的地热区，并进一步确定勘探靶区。看似简单的步骤意义却不简单，锁定靶区才能进一步勘探，进一步开发能源。只有锁定了地区，才能制定开采方案，开展以后的工作。

（四）地震地质调查

其主要目的是研究地震的地质成因、地质条件、和地质标志，对未来的地震危险区和地震强度做出预测，提醒人们提前搬出危险区，最大限度地减小人员伤亡和财产损失，而这些都将依赖于此项技术的成熟。

（五）环境地质调查

随着现代工艺的发展，我们周围的环境也变得越来越差，自然灾害也在频繁发生，比如泥石流、滑坡、地面沉降等。"环境地质"一词最早出现在 20 世纪 60 年代末的《环境辞典》中，主要研究人类技术—经济活动与地质环境相互作用、影响的学科。不得不承认的是，以前我们只顾发展而忽略了保护环境，而对自然环境造成极大破坏。需要特别注意的是，地质环境与环境地质有着完全不同的含义和性质，不能将两者相混淆。

二、地质勘查的方向

如今，我国已经成为世界上最大的矿产品生产国、消费国和贸易国，在全球矿业发展中起着举足轻重的作用。在当今社会的形势下，传统的矿业发展模式已经不能再持续，那么，这无疑对我们的地质勘查工作带来了挑战。但从另一个方面来说，这也是一个机遇，我国已经不能采用以前的传统方式来进行简单的勘测，而是要发现具有新特点、新功能的科学技术。我国加大了改革力度，比如矿业领域的简政放权、放管结合等。在地址工作结构方面特别是产业结构发生了深刻变化，正在向着绿色发展、循环发展、低碳发展方面转型。

三、深部地质钻探找矿技术

钻探找矿设备：

（一）现状分析

随着全球社会经济的发展，对于矿产资源的需求量日益增多，而地球内部的资源却日益枯竭，我们需要向地球更深层的地方进行勘探找矿，这对于我国钻探找矿技术提出了新的要求。然而，当前我国地质钻探找矿设备发展较慢，缺乏与新技术新工艺相匹配的先进设备。

（二）设备种类

（1）机械传动和液压控制立轴式岩心钻机：该设备结构简单，易操作，维修方便，成本低廉，可靠实用，非常适合我国的国情。

（2）金刚石钻进：我国在1963年研制成表镶天然金刚石钻头，此外，我国也开始制造人造金刚石钻头，此设备一投入生产，便迅速发展起来。相比之下，金刚石钻进比其他钻进有许多优点，钻进效率高、钻探质量好、孔内错误少、原材料消耗少、成本低并且应用范围广。

（3）钻机：它是一套比较复杂的机器，由机器、机组和机构组成，又称钻探机。它的主要作用是钻碎孔底岩石，可用于钻取岩心、矿心、岩屑、气太样、液态样等。

（三）钻探找矿技术种类及应用

（1）x荧光技术：主要利用射线获取数据，操作简便灵活，可以显示矿体具体位置，可反应地质构造，显示矿体边界特征与矿体厚度。

（2）反循环连续取样钻探：以压缩空气为介质，借助钻杆冲击作用粉碎岩石，获取地质资料。该技术虽然工作效率高，但是成本较高，推广难度大，不是很适合我国国情。

（3）金刚石绳索取芯技术：由于金刚石硬度高、强度大，所以用金刚石做钻头，这样就可以满足钻探深度的要求。此技术便于掌握，有力地促进了勘探工作的开展。

（4）高精度受控定向钻探与岩心定向技术：该技术的应用要事先确定好钻探轨道。如果，不是事先确定好的话，可能会遇到斜坡或者陡壁，钻孔难度系数将大大增加，并且很难找到矿产基地，同时也有可能会发生事故，造成人员损伤。所以，必须确定钻孔位置，减少施工程序和钻探量。

（5）遥感技术、GPS感应技术：利用此技术可以快速高效的完成对地形，地貌，当地环境的了解，进而，确定矿产位置及资源数。此技术大大减轻了人力劳动，加快了工作进度。

四、推进地质勘查和深部钻探找矿技术的应用的措施

（一）加强对钻探找矿技术的认识

对相关人员进行培训，让相关工作人员对工作的进度有总体的认识和感知，并且了解下一步将要做什么，该怎么做。如果，每个每个工作人员都可以对自己的工作有深刻了解，工作过程中少犯错，或者不犯错，更甚至于提出新的高效的方式方法，这在无形中就提高

了工作的速度和质量，工作人员本身也会感到完成工作的成就感与自豪感，并且更加会积极的工作。

（二）积极引进人才、加强人才培训

历史上刘备虽然没有项羽能力强，才能出众，做人有一股霸气。但是，项羽有一项比不上刘备，那就是在引进人才方面。刘备慧眼识人才，聚集了不少天下能人贤士，这就是他可以成功的原因。在近代，现代，积极引进人才在一项工作中仍然有着决定性作用。我们要尊重人才，信任他们，给他们发现的空间，鼓励他们进行创新，这样我们才可以成立高质量的团队，建立一流团体，为国家尽力。

（三）做好安环保护措施

钻探找矿设备是很珍贵的，要定期进行保养和维修。同样，要了解它们的工作能力。就像人一样，它们工作久了，也会出现故障，而导致事故的发生。特别是，在工作之前要检查一遍，避免出现事故，造成人员伤亡，拖延工程进度。要坚持以人为本的理念，在人员安全的基础上进行工作。

（四）选择合理的勘探方式

在对一个地区进行勘探之前，要进行走访，调查。或许我们的数据并没有那么准确，当地居民的经验可能给家有用。了解当地的民土风情和宗教信仰，综合多种因素，采取行知有效的勘探方式方法。

总的来说，随着我国经济社会的发展，我国对能源需求越来越高，那么地质勘查和深部地质勘查找矿技术的要求也越来越高。传统的方式已经不再使用现代化的社会，我们必须改革创新，才能紧跟世界的步伐，稳固我国世界大国的地位。同样，对人才的需求量也是非常大的，我们不可以存在种族地区国家歧视，只要是人才，行为品德端正，我们都要以礼待之。

第五章 地质灾害的理论研究

第一节 地质灾害的风险区划与防治

我国是世界上地质灾害损失最为严重的国家之一，许多县级城镇以及村庄受到山体滑坡、泥石流和危岩崩塌的威胁。所以针对地质灾害的风险区划以及防治工作是我国研究的一个重点方向，本节主要对我国地质灾害的现状及风险区划进行分析，并提出防治措施。

近年来，在我国地质灾害发生频率很高，对生态环境和人们的生活造成了一定的影响。因此，进一步加强地质灾害防治工作，积累、更新地质灾害防治的相关经验和知识，才能缩减地质灾害发生的可能性和危害性。此外，控制和了解深层地质环境，采取有效的防治措施，保持防治工作的持续有效，有助于更好地达到防治效果。

一、地质灾害的定义及分类

地质灾害的定义。目前学者对于地质灾害的定义为：在自然或人为条件的影响下，因为地质的不正常运动，使得当地的建设发展及人身财产受到损失的现象。地质灾害主要分为致灾地质作用与受灾对象两个主体。其中致灾地质作用是主动的因素，是造成地质灾害的缘由，而受灾对象是被动的受体。没有致灾地质的主动作用，就没有灾害的发生；而如果没有受灾对象，就不会造成损失，仅仅只能算是地质运动。地质灾害的本质就是致灾地质作用与受灾对象之间发生遭遇而形成的结果。地质灾害的类型是依据致灾地质作用的特点以及性质而进行划分；地质灾害的大小则是根据受灾对象损失的多少来进行评估。

地质灾害的分类方法。根据致灾地质作用的发生地点以及性质，通常将地质灾害分为12类：（1）由于地下的地壳活动导致的灾害，如火山喷发、地震等；（2）由于地质表层（如斜坡岩土体）的运动导致的灾害，如泥石流、滑坡等；（3）由于地面变形导致的地质灾害，如地面开裂、地面塌陷等；（4）由于地下工程导致的灾害，如瓦斯爆炸、矿井坍塌等；（5）由于城市环境导致的地质灾害，如垃圾堆积坡体变形、建筑地基等；（6）由于江河湖泊导致的地质灾害，如溃堤、洪涝等；（7）由于海岸环境带来的地质灾害，如海港淤积、海崖侵蚀等；（8）由于海洋运动致使的地质灾害，如海啸、漩涡等；（9）由于特殊岩土导致的地质灾害，如冻土冻融、黄土湿陷等；（10）由于土地退化导致的地质灾害，如土地沙漠化、水土流失等；（11）由于水土污染导致的地质灾害，如水土污染等；（12）由于水源枯竭导致的地质灾害，如泉水干涸、河水漏失等。

突发性地质灾害，可预见性差，其防治工作常是被动式的应急进行。笔者认为重点应该研究和防范的人为地质灾害和突发性地质灾害。主要常见有以下三种类型：

滑坡：滑坡是指斜坡上的土体或岩体，受河流冲刷、地下水活动、地震及人工切坡等因素的影响，在重力的作用下，顺着一定的软弱面或软弱带，整体地或分散地顺坡向下滑动的自然现象。

崩塌：陡坡上的地层被直立裂缝分割的岩土体，因基底空虚，折断压碎或局部滑脱失去稳定，块体向下倾倒、翻滚的地质现象。

泥石流：指山区沟谷中，由暴雨、冰雪融水或库塘溃坝等水源激发，形成的一种挟带大量泥沙、石块等固体物质的特殊洪流，是高浓度的固体和液体的混合颗粒流顺沟坡而下的现象，是各种自然因素（地质、地貌、水文、气象等）或人为因素综合作用导致的结果。

二、我国地质灾害的现状

地质灾害的发生具有时间和空间规律的突变特征，它已成为一个在世界上最严重的灾难。在我国据调查，在近20年，在中国每年都有一次性死亡人数超过100人的重大地质灾害发生。在1998年是我国地质灾害最严重的一年，全国共发生了18万余个突发性地质灾害，其中还包括了滑坡、泥石流、崩塌等重大灾害400多处，造成一万多人死亡以及270亿元的经济损失。

从近10多年来在我国地质灾害的发生，主要有以下三种：有滑坡、泥石流、塌方等，重点集中在我国400多个县级城镇，我国已成为世界上地质灾害损失影响最严重的国家之一。近年来，虽然我国已经有了很大的提高理论研究和地质灾害防治水平，地质灾害仍然严重危害人民生命和财产安全。因此，为了中国的地质灾害需要进行有效的预防，首先进行地质灾害风险区划，并进行预防性的研究，地质灾害高风险区划定为便于土地规划部门、灾害管理和抗灾减灾工作，从而达到综合防灾减灾。从今后我国经济增长的角度来看，西部地区将成为中国新的经济增长点，但我国西部地区是地质灾害高发区域，地质环境十分脆弱，经济发展的基础设施建设、能源开发等人类活动的影响，势必会增多地质灾害的地区，因此，在我国地质灾害防治工作仍面临严峻的考验。

虽然我国的地质灾害理论研究、防治水平有了很大进步，但由于以下原因：（1）预防和区域研究还处于落后状态；（2）防治手段只针对发生的地质灾害而忽视潜在的地质灾害；（3）地壳处于活跃期，地震造成山体破裂，诱发地质灾害；（4）城市化和工业化加速，人为的因素大幅增加，造成的自然地质体失衡和生态环境的破坏。灾难的威胁依然存在，而且越来越严重。因此，强化综合地质灾害的风险防治与区划是中国地质灾害防治的有效途径，是规范化地质灾害风险区划，并且积极开展预防研究工作，尤其是地质灾害危险和地质灾害高风险区的划分工作，为土地规划、防灾、减灾管理和决策提供可靠的依据，从而达到综合防灾。

三、地质灾害危险性区划

地质灾害区划的基本原则。地质灾害风险不同于一般风险。除了自然灾害风险外，还包括灾害引起的各种社会经济风险。因此，以下基本原则地质灾害风险分析在一个给定的区域：灾害发生时间的可能性，对地质灾害的空间和强度，对人类社会和经济系统故障的各种可能性的基础力量的灾害因素，可能所有的损失，对数值组合两方面可能放弃，损失的风险。

地质灾害区划的基本思路。从地质地貌、地质构造、单位地质特征等方面研究了该区地质灾害的分布情况，并从气象条件和人类活动内容等方面研究了区域地质灾害的规律性和时间活动规律。从地质灾害的起因来看，可以控制的稳定型因素，包括地形、地质构造和地质单元特征单元的三个因素，由于这些因素的变化影响的空间分布，因此，这三个因素与地质灾害为背景的综合因素区域分布。气象因素和人类活动因素是地质灾害的诱发因素。他们深受时间变化的影响。地质灾害的时空分布是由气象、人类活动和基本条件共同决定的。因此，地质灾害最有效的区域化变量是主要的诱发因素。

地质灾害区划基本方法。

（1）以地质灾害分布图或各因素图的叠加，定量或半定量化确定地质灾害的敏感性指标，然后对各敏感性指标进行叠加处理分析，分为易发区，不易发区。

（2）以地质灾害影响因素与地质灾害的关系的理论分析，采取打分和评级的方法赋予各因素与权重系数进行相关数据的分析计算，从而获得地质灾害危险性的区划的定量依据。

四、中国地质灾害的防治对策

认真加强监测预警工作。在掌握了潜在隐伏地质灾害的基本情况后，首先要强化防范工作中的监测预警环节。一般来说，在消除潜在隐伏的危险点之前，所在的区域都必须列入监测预警。监测预警要注意以下几点：

（1）做好监测预警相关联工作。我国已建立起一个全国性的监测预警信息，为气象、水利部门在全国范围内高效共享平台。因此，在地质灾害防治规划中，应根据具体情况，注意不同区域之间的联系。尤其是在人口密集、易发生滑坡、山洪的城镇峡谷等，有关部门应该在附近成立监测部门，专门针对当地的气象、水文等情况的监测，以便地质灾害及时防治。

（2）做好监测预警中现代科技与传统经验相结合。以电信时代的信息传播为主，自动传统信息传播为辅的预警手段需要尽力在城市范围内全面开展。农村经济状况可以利用广播、短信提示、有线电话等传统手段，确保灾害预警，及时发布预警信息，防止地质灾害造成重大人员伤亡和财产损失。

（3）提高群体预防和考核水平，加强基层干群联系。目前，中国地质灾害防治的有效手段是监测预警组。在许多领域，监测预警组的监测和预警任务是群众和基层干部的自愿义务完成。因此，县、乡镇两级人民政府要充分利用监测预防手段，加强监测预警技能培训，给出适当的补贴自然灾害监测预警人员，配备监测预警装置简单有效的。

应采取综合防治措施。山地和丘陵地区在我国占据很大部分。在我国的西部，山体滑坡、泥石流和崩塌几乎遍布整个地区，而在我国东部地区，主要的地质灾害却是地面塌陷、台风等。因此，地质灾害的综合防治措施在我国极为复杂。

（1）地质灾害项目的科学管理。科学管理的主要方针是"避让为主，高效监测预警，治理彻底"的思路。在对地质灾害项目管理方案进行论证和比较后，对能采取避让搬迁的地质灾害的危害地区果断采取避让为主管理措施；对避让搬迁难、治理费用大和发生概率小潜在地质灾害的危害地区采取高效监测预警管理措施；对采取避让搬迁难度大、发生概率和危害大的地质灾害危害地区采取彻底治理管理措施。（2）加强地质环境的控制。我国汶川以及四川玉树的地震在当时造成了严重的生命财产损失，但是据估计，当地的环境也需要长达10年的恢复时间。城市和工业建设中要科学规划，忌大开大挖，破坏地质环境，还要加强法规对地下工程与地下空间建设管理的制定，严格审批程序，避免由于地下水开采，矿产开发和其他地下工程施工引发的更严重的地面沉降、塌陷和裂缝灾害。

加强应急救援工作。

（1）加强我国地质灾害急救反应能力，在地质灾害急救抢救工作中，以充分利用公安消防、武警官兵和人民解放军作为地质灾害救援主力军，并加强交通运输，专业设备协调救援。

（2）加强县、乡镇两级基层防灾避灾应急救援演练，提高预防地质灾害的能力，增强汛期监督检查，安排专人监督和检查重大地质灾害的监测预警工作。

在我国全面的地质灾害防治过程中，一方面要在地质灾害防治理论的研究工作做实，而另一方要在地质灾害的防治分类的管理方法有效。所以，加强对地质灾害的研究工作，以先进的地质灾害预警监测系统和丰富的地质灾害知识在地质灾害发生之前，快速、准确地做出预警，减少人员伤亡和经济损失，努力将地质灾害的危害和损失降低到最低水平，保障我国的经济和社会发展的稳定性，要求继续提高地质灾害的风险区划的规范化以及防治工作的专业化的水平。

第二节 环境地质和地质灾害

地质环境是自然环境中一个重要的组成部分，有自身的特殊性。由于我国是一个地质灾害频发的国家，因此最大限度地避免和减少各种地质灾害风险就显得尤其重要。文章首先简单阐述了地质环境和地质灾害的概述，然后说明了环境地质对地质灾害的影响，最后提出了具体的地质灾害防治措施，希望能够为相关人员提供有价值的参考。

近年来，全球环境日益恶化，各种自然灾害频发，人类也充分认识到所有的环境问题都和地质环境有着不可分割的密切联系。目前，在我国的环境地质问题中受地质灾害影响而产生的环境问题越来越突出，这样不仅会严重影响国家和人民的财产安全，更为重要的是直接威胁到人们的生命健康和生活，因此，我们应该对地质灾害问题加以高度重视，并逐步提高对地质灾害的防治能力。我们只有这样才能使人们获得更好地生存和发展，为我国经济的快速发展提供坚实保障.

一、地质环境的概述

地质环境的含义。我们所说的地质环境主要是指所有环境因素的总和，其中环境因素主要包括地球的岩石圈、大气、水圈和生物圈。地质环境应该包含以下内容：一个是，能够被开发利用的地形和地貌景观，拥有相对稳定的构造区域，一般地震强度不要的地区，地质遗迹，是人类生活、生态地质环境资源；另一个是能够对人们的生存和经济发展构成严重损害的地质灾害。

目前我国地质环境中存在的主要问题。地质环境对我国的影响很大，我国目前面临很多环境地质问题，这些问题主要有：淡水资源危机、荒漠化的土地资源、水土流失、因地质灾害所造成的严重环境问题、地球化学循环的环境问题、城市发展中的环境问题等。我们应该清醒地认识到我国面临的地质灾害问题越来越严峻，它首先会严重威胁到人们的生命和财产安全，其次也会给国家造成严重损失，还会阻碍我国经济的可持续发展。

我国地质环境部门的相关负责人员曾表示，在近几年虽然各级国土资源部对地震所进行的金融投资正在逐步提升，努力消除更多的地震危险点，可是因也会受到人类活动的影响，随着调查的进一步深入，我国的灾害风险点数量并没有下降仍呈现出上涨的趋势。

二、地质灾害的概述

地质灾害的含义。在地质环境所产生的所有问题中，地质灾害是其中较为严重的问题，它会造成重大的人员和财产损失。我们常说的地质灾害主要是指那些受到自然或人为因素的影响而产生的,并且会给人类生命财产和环境产生重大的破坏和损失的地质作用或现象。

地质灾害的范围。我们目前对各种不同地质灾害的灾种范围也有各自不同的理解和认识,进行归类主要涉及以下两种观点:一是我们将那些因地质作用引发的或因受地质条件恶化所产生的自然灾害统称为地质灾害,这主要是指地震、火山、崩塌、滑坡、土地荒漠化、海水入侵、部分洪水灾害、海岸侵蚀等多种灾害;二是我们将那些在岩石圈内部所产生的,主要是受到自然地质作用的影响而产生的自然灾害,这里主要是指火山、地震、滑坡、泥石流、地面塌陷、地面沉降、地裂缝等灾害。

地质灾害的特点。地质灾害拥有很多的特点,它主要包括的特点是:它拥有一定的必然性与可防御性、它通常具有随机性和周期性、它有一定的突发性和渐进性、它的形成原因具有原地复发性和多元性、它的发生往往具体一定的区域性、它所产生的影响拥有复杂性和严重性。

三、环境地质对地质灾害的影响

环境地质和地质灾害之间有着千丝万缕的联系,可以从以下两点内容看出:

崩塌的成因。崩塌主要发生在那些较为陡峻且切割剧烈的地形,拥有临空的悬崖,在软岩地层岩性坚硬岩层或裂隙带,而崩塌产生的最根本的原因是频繁受到地震影响的地区和人力资源不合理开发造成。通常崩塌出现在道路的两侧,所以往往引起很大的人员和财产损失。因此,我们一定要对崩塌的易发地带,采取严格的防护措施,应该建造大量的防崩支撑建筑物、防崩拦截建筑物等,保证可以把灾害的损失降到最低。

滑坡的成因。滑坡边缘的局部稳定性,因受到重力的作用,容易产生碎屑岩体滑动,就会沿着一个或多个破裂为整个滑动面滑动的过程,最终形成我们所说的滑坡。滑坡的物质来源主要是活动断裂带拥有强烈运动的新构造、地震区、公共区域。再加上那些软弱层或拥有大量断裂带的硬岩,是引发滑坡的主要因素。由于人们乱砍盗伐等不合理的开发利用,致使森林大大减少,从而出现严重的水土流失现象,这也是引发滑坡的一个重要影响因素。因此,我们应该改变不合理的开发方式,要一直坚持可持续发展的理念,提高植被覆盖率,做好环境保护工作。

四、地质灾害的防治措施

由于地质灾害会严重威胁到人们的生命和财产安全,因此,我们要采取科学有效的措施,加强对地质灾害的治理和防治工作。首先,我们应该不断完善相关的法制和制度建设,大力提高人们对各种地质灾害的防护意识。其次,我们要与时俱进,不断提高对地质灾害的预警和防治能力。再次,我们应该对地质灾害加强研究,不断建立和完善地质灾害风险评估。最后,我们要对地质灾害加强监测,要确保能够第一时间对各种地质灾害进行准确预报，尽力使人员伤亡和财产损失降至最低。我们要把采取的各种地质灾害防护措施和各个地区的实际情况有效地联系起来，要能够理论和实践相结合，确保起作用能够得到最大限度发挥。总之，我们只有对地质灾害多发区事先制定科学、经济、合理的地质灾害防治规划和措施，才能确保在灾害发生时，最大限度地保障人们的生命和财产安全。

综上所述，我国是一个受地质灾害影响比较严重的国家，它在我国已经发展成为一个具有社会属性的问题，不仅会直接影响到人民的生命和财产安全，而且还会对我国经济的持续发展造成严重阻碍。因此，我们首先要对本国的环境地质有一个全面的了解和把握，并要意识到环境地质和地质灾害之间的联系，然后采取有效的地质灾害防治措施，确保能够将地质灾害所带来的危害和损失降至最低。

第三节　地质灾害边坡治理

社会经济的快速发展以及城市化建设的不断推进，严重破坏了生态环境，同时增加了我国地质灾害发生频率。而边坡地质灾害作为当前常见的地质灾害类型，基于此，本节阐述了地质灾害的主要特征，对地质灾害边坡治理技术及其应用进行了探讨分析。

我国幅员辽阔，不同地区的工程活动性质和强度也各不相同，因此所形成的地质灾害的类型、发育强度及危害大小也差异甚大，因此为了缩减边坡地质灾害带来的影响，以下就地质灾害边坡治理进行了探讨分析。

一、地质灾害的主要特征

地质灾害的特征主要表现为：（1）滑坡。滑坡是指斜坡上的土体或岩体，受河流冲刷、地下水活动、地震、人工切坡等因素的影响，沿着一定的软弱面或软弱带，整体地或分散地顺坡向下滑动的自然现象。（2）地面变形。地面变形包括地面沉降、地面塌陷与地裂缝。（3）崩塌。陡坡上被直立裂缝分割的岩土体，因根部空虚，折断压碎或局部移滑，失去平衡，突然脱离母体向下倾倒、翻滚，堆积在坡脚（或沟谷）的地质现象称为崩塌。（4）泥石流。泥石流是由于降水（暴雨、冰川、积雪融化水）产生在沟谷或山坡上的一种挟带大量泥沙、石块和巨砾等固体物质的特殊洪流，是高浓度的固体和液体的混合颗粒流。

二、地质灾害边坡治理技术及其应用的分析

混凝土喷射加固技术及其应用分析。对边坡表层处理时，一般会使用到混凝土喷射加固技术，这种技术的使用能够在短时间内将岩体封闭主，防止岩石土体出现潮解、风化以及剥落等现象，还能够在一定程度上提升岩体本身的强度，起到岩体加固的目的。一般而

言混凝土喷射加固技术在使用的过程当中主要会与锚杆混合使用，其中值得注意的是，两者在结合使用之时主要实用的范围包括：较为容易遭受风化侵蚀、强度不高以及性能较差的边坡；存在着节理发育、严重风化以及容易受到自然力的影响出现坍塌的边坡；在经过施工爆破之后，而存在着大量破坏范围的边坡等，但是混凝土喷射加固技术在实际的应用过程当中，不能够应用到对于外观有着较高要求的边坡表层，能够适用于混凝土喷射加固技术的混凝土是一种绿色混凝土，该种类型的混凝土能够在一定程度上吸收水分以及养分，提高之前喷入草种的成活概率，从而形成绿色的地表植被。

锚杆加固技术及其应用分析。锚杆加固技术主要是指采用锚杆将原本不稳定的边坡在岩土上进行固定，使得它们之间能够进行连接，起到传递剪力以及张力作用的技术。锚杆加固技术能够适用于各种类型的边坡加固，降低地质灾害发生的概率。同时，在采用锚杆加固技术之时，所能够达到的加固效果主要是决定于锚杆本身的结构以及施工的工艺质量等。锚杆加固技术的主要构成结构包括承压板、锚具、支档结构、拉筋以及台座等，在实际的应用过程当中，锚杆加固技术所起到的加固效果较为经济以及安全，再加上该技术需要与边坡表面的构梁进行结合使用，在格构梁中实施绿化能够实现边坡以及景观的相结合，打造唯美的边坡景观。

注浆技术及其应用分析。边坡地质灾害治理过程中，注浆技术是一种较为常用的措施，注浆技术在边坡地质灾害治理中应用时，主要是对浆液施加一定的压力，使得浆液能够经过注浆管进入到边坡岩石的缝隙当中，实现与破碎岩体的固结，从而使得破碎岩体能够形成一个整体，提升岩石的强度。同时还能够有效的堵塞住地下水流的路径，降低地下水对于边坡造成危害的概率。为了能够将注浆的效果达到最大化，在进行注浆开始之前需要全面掌握好边坡的实际情况，尤其是需要了解造成破坏主滑面的深度以及形状等，以便于能够确保注浆管抵达特定的有利位置。一般来说，注浆技术在对边坡地质灾害治理之时，主要适用于较为坚硬且有连通缝隙的边坡区域，其优势在于所使用的施工设备较少，工艺较为简单，一旦施工顺利进行就能够形成长时间，甚至是永久性的帷幕，但是其缺陷也十分显著，如果对滑面之下地下水运行速度较快以及粘塑性不高的边坡进行应用之时，不能够达到相应的预期效果。

柔性防护网技术及其应用分析。对于柔性防护网而言，在使用中主要是以高强度的柔性网为主要部分，采用拦截以及覆盖的方式对边坡的地质灾害进行治理工作，属于一种较为先进的新型防护结构。边坡柔性防护网主要是根据防护的功能，结构形态以及相应的作用等方式对边坡实施自主的防护，起到边坡地质灾害的治理工作。同时，利用柔性防护网能够有效地治理灾害的发生，这主要是由于柔性防护网所用材料有着较高的防冲击性能以及较高的铺展能力，可以适用于多种类型的边坡地质灾害治理。

三、地质灾害边坡治理应用的分析

某工程的基本概况。某工程处于山地丘陵地区，地质条件较为复杂，存在较为严重的岩体风化现行，极易出现坍塌的现象，再加上现有路堑周边的边坡都是裸坡，排水系统被堆积严重，很容易就会产生地质灾害。

治理措施。结合该工程的地质特征，施工单位可以采用：刷坡、锚杆钢丝网喷浆防护以及坡体后缘裂缝封填的施工方案。在实际治理施工过程中，需要采用自上而下的工序，将松动的石块清除掉，采取刷坡的作业方式，对风化的岩土做好破碎处理。同时，鉴于边坡中存在着岩石脱落或者崩塌的现行，在进行治理的过程当中可以采取主动柔性防护系统与改良型香根草生态防护相结合的方式，按照好砂浆锚杆，确保其安装的间距为300cm×300cm，长度为300cm，直径保持在40mm左右，进而铺设好强度高于1770MPa的钢丝绳网，最后根据生态性的原则，在边坡表层种植改良型的草根等，提高边坡治理效果。

综上所述，当前边坡地质灾害已经成为当前常见的地质灾害类型，对于人们的生命财产安全造成了严重的威胁，因此必须结合当前边坡地质灾害的主要特征，应用合理的治理技术，从而缩减边坡地质灾害的影响。

第四节　地质灾害风险评估

为了更加清晰的表达地质灾害风险评估的各方面问题，将地质灾害风险的定义作为讨论的基础，并在概括地质灾害风险评估重要性的前提下，讨论了地质灾害风险评估的现状以及基本原则，并对风险评估（定性分析评估方面）做出延伸论述，最后叙述了对地质灾害风险评估的前景展望。

一、问题的提出

中国地质灾害频发，地质灾害的发生往往造成十分严重的人员伤亡和经济损失。地质灾害是由于自然因素（如降雨，地壳运动）和人为因素共同引起的，一般而言，杜绝地质灾害的发生是非常不现实的，所以地质灾害风险评估的重要性不言而喻，地质灾害风险评估是防灾减灾的一项有力的非工程措施，其研究成果科研为区域发展规划、建设用地适宜性评估、制定应急措施及防灾减灾提供必要的依据。地质灾害风险评估是地质灾害风险管理的重要组成部分，也是地质灾害风险管理的基础。

中国地质灾害研究会于1989年成立之后，地质灾害防治的研究获得了较大的进步。防灾减灾行业体系初步建立，其中包括地质灾害调查区划、勘查评价、监测预警、工程治理、应急响应、科学技术支撑和公共管理等。

现如今，如何对地质灾害的风险性进行评估以及评估过程中可能会遇到的问题仍然是世界各国专家和学者所攻坚的。明确其难点的意义在于能够更好地明白风险性评估的重要性以及风险性评估的发展需要，所以我们要明确地质灾害风险的定义，并将地质灾害的风险性评估应用于防灾减灾中。

二、地质灾害风险的定义

对地质灾害风险的定义，国外许多学者有着不同的见解。Blaikie 认为"风险 = 危险性 + 易损性"；而 Smith 则认为"风险 = 概率 × 损失；美国著名滑坡专家 Vanes 对地质灾害风险的定义就是地质灾害发生并引发一定损失水平的可能性，涵盖了其发生破坏的可能性以及其产生的损失两个方面。经过社会的发展与变革，更多学者对风险的定义是一种概率性问题，是度量"不确定性"的一种方式。所以，基于对概率性的理解，Fell 在加拿大国际滑坡会议上指出"风险 = 概率 × 易损度"，这一定义获得了世界上广大学者的认可。

我国一些相关专业的学者也发表了自己对地质灾害风险定义的意见。向喜琼对风险的定义是"在一定的人员损伤或财产损失水平条件下，某一灾害发生的概率值"。张梁将地质灾害风险定义为"地质灾害发生并导致一定损失水平的可能性。吴树仁也针对地质灾害风险评估方法做了系统的梳理与总结。从几位学者的阐述中可以看出风险所针对的对象是具有不确定性的事件，但地质灾害的发生是具有不确定性的。因此，地质灾害风险的评估是必不可少的。

三、地质灾害风险评估的现状

中国是地质灾害高发国家，全国范围内仅地质灾害隐患点就高达 26 万余处。近些年来，中国地质灾害频繁发生，对公民的生命和财产安全、以及城市建设和基础设施都造成了极大的损害，国家和各级政府都把地质灾害的防治看得尤为重要，地质灾害风险评估和防治的推进工作势在必行：2003 年国务院第 394 号令公布了《地质灾害防治条例》；2014 年，计划将《滑坡崩塌泥石流灾害调查规范》和《地质灾害防治勘查规范》升级为国家标准。但地质灾害风险评价工作的开展极不平衡，更注重于地质灾害的分布规律、形成机理、趋势预测方面的分析，而且评价不够完善精准，应向更符合现阶段地质灾害国情的精准风险评价的方向发展，更加适用于中国地质灾害国情，满足中国现阶段防灾减灾的要求。

四、地质灾害风险评估的基本原则

地质灾害风险评估通常基于 3 种假设：

（1）过去对未来的指示作用（并不是完全性的），因此过去曾经发生过地质灾害的地区未来也有可能发生地质灾害。

（2）与曾经发生过地质灾害地区具有相似的地形、地貌以及环境因素的地区未来也有可能发生地质灾害。

（3）致使地质灾害发生的基本要素能够有效识别。风险的构成要素能够有效识别、表达或量化，风险评估中的易发程度、危险性和风险都可以用定性与定量方法来表征和描述。

五、如何进行风险评估

定性分析评估。地质灾害的定性分析评估，主要是对于地质灾害发生以及达到受灾体时间与空间概率的分析。大致包括受灾的可能性，地质灾害带给地区、人员、财产、城建的损失，还包含了对地质灾害发生的风险概率的一种可能性进行分析。定性分析的优点是不需要非常大量的数据，就可以有效准确的表达风险，定性分析评估分为危险性定性估算方法和危害性定性估算方法。危险性定性估算方法是指研究者可根据不同的时间段记载，通过已知的重复时间间隔来推测可能的地质灾害未来一段时间内可能会发生的频次，并依此来明确核对地质灾害在时空序列的稳定性与地质灾害诱发因素的关系。

如果地质灾害发生后数据并未保留或者数据残缺，可以根据地质灾害发生后灾害堆积物上的植物生长情况，以及灾害产生的池塘里的动物生活痕迹来判断地质灾害。危害性定性估算方法是主要反映了评估地区的财产和人员伤亡情况。

六、地质灾害风险评估的展望

现如今，地质灾害风险的评估存在着一系列的问题。首先，地质灾害的影响范围难以确定。因为地质灾害发生前后，地形与环境都会发生与之前大相径庭改变，因此地质灾害的类型可能也会发生改变，这是地质灾害风险评估将要面临的第一个难点；其次，全世界范围内对于地质灾害风险的评估并没有一个明确且统一的标准，而不同的评估方法，其风险允许标准不同，评价结果也就不尽相同了，所以这是现阶段我国地质灾害评估的第二个难点。

因此，地质灾害风险评估的未来发展便要依据此两个难点进行重点攻关。近年来，地质灾害频繁发生，地质灾害风险评估作为减少灾害、防治灾害的一种重要手段，必将得到蓬勃的发展。基于现状，展望未来，对于地质灾害风险评估的展望如下。

（1）丰富地质灾害风险评估的内容。

（2）精确地质灾害发生的位置及地形。

（3）进一步完善各项地质灾害风险评估公式。

（4）尽量统一地质灾害风险评估标准。

第五节　地质灾害研究进展

近年来，随着我国经济的飞速发展，各类大型工程建设项目在各地展开，随之对我国本就脆弱的地质环境造成了更重的负担，山体崩塌、滑坡、泥石流、地面塌陷、地裂缝、地面沉降等灾害时有发生，我国成为世界上地质灾害最多的国家之一。文章重点分析了国内外地质灾害的研究进展，希望能够更好地推动其发展。

一、地质灾害的危害

地质灾害一般是指在地球的发展演化过程中，由各种自然地质作用和人类活动所形成的灾害性地质事件。随着人类活动的范围逐渐增大，地质灾害发生的次数也越来越多，这不仅给当地的老百姓带来了生命危险，还给人民群众带来了巨额的经济损失。

地质灾害主要分为三类：泥石流、山体滑坡、塌方。泥石流是一种突然爆发的、破坏性极大的特殊洪流，其发生时间不长，但是来势凶猛，破坏力极大。2010 年在甘肃舟曲突降大暴雨，引发的泥石流导致 1481 人遇难，284 人失踪。滑坡是斜坡上的土体或者岩体受冲刷，雨水浸泡等因素影响在一定的软弱面整体地或者部分的顺坡向下活动的自然现象，滑坡常常给工农业造成严重的危害。地震、建筑施工及农村劳动中都会发生塌方现象。塌方是在较陡的斜坡上土体突然脱离母体掉落或者滚动、堆积在坡脚的现象。可造成对受灾对象的掩埋，造成人体被压迫，如果掩埋严重导致无法呼吸会使人窒息死亡，对于塌方的施救必须及时。在我国黄土高原地区，由于其松散的土质和特殊环境状况等因素很容易导致塌方。由于近几年对地下水的过度开采，出现了地面塌陷的状况，造成的群众伤亡及财产损失越来越多，地质灾害等级也有升高的趋势。

二、国外地质灾害的研究

20 世纪 60 年代之前，地质灾害研究方法和理论很不完善。地质灾害的工作重心主要是研究地质灾害的形成机理和现象分布规律，科学家们分析地质灾害发生的原因并且研究地质灾害的时间演化规律。

70 年代以后，随着地质灾害频繁地发生，地质灾害造成的损失也更加严重，地质灾害的研究被越来越多的人重视起来，人们开始进行地质灾害评估领域的探索。在 20 世纪 90 年代地质灾害评估趋于完善，WI.Garrison 在 1965 年提出了"地理信息系统"（GIS）的理论，这理论的提出在地质灾害研究领域上具有里程碑式的意义。20 世纪 80 年代后期到 90 年代，GIS 大量运用于地质灾害工作。20 世纪 80 年代以后，由于计算机的发展和岩体力学的研究进展，各种复杂的计算机技术应用于坡体研究。1986 年 Flac 的出现可以解决大变形问题，能模拟某一柔软面的滑动变形，是岩土力学数值模拟最有效的方法之一。

随后，高精度遥感技术出现，并且这一技术在地质灾害预测和评价方面得到了广泛应用。目前，模型的建立以及计算机技术的应用是国外地质灾害研究的重点，现在的"3S"技术（遥感技术、地理信息系统、全球定位系统）是国外进行地质灾害研究的侧重方向，也是地理信息技术的核心。

国外地质灾害的研究在今后也会有一些明显的趋势。由于"3S"技术的应用，科学家会更加注重对模型数据的整理、分析和预测，弄清楚地质灾害产生的原因和发展趋势并对当地人民做出预警，以缩减灾害给当地人民群众带来的损失，这种预测不会局限于一定区域，随着技术的发展，人们监测的区域范围也会越来越大，到最后会建立一个国家型的区域预警系统并及时对灾害发生做出应对措施。

三、国内地质灾害的研究

我国地质灾害研究相对于世界上许多国家来说起步较晚，在 20 世纪 30 年代左右一直到 70 年代，我国的地质灾害研究均以地震灾害研究为主，这与我国的实际情况也有关。我国西部地区处于地震频发带上，在 20 世纪，我国在防震方面的技术也不是先进，为此我们在地震灾害研究方面投入了许多时间。在"八五"期间，泥石流、塌方、土地荒漠化、水土流失、矿区灾害等地质灾害开始列入地质灾害的研究范畴。

20 世纪 60 年代，我国在坡体方面的主要研究主要集中在边坡岩体的稳定性分析和岩体工程地质力学方法方面，科学家们通过大量的野外实地实验来深入研究边坡的稳定性。20 世纪 70 年代我国主要注重于边坡的破坏机理研究，提出了边坡变形和边坡累进型的机制模式，人们将边坡的形成与破坏之间进行关联，提出了许多观点。到了 90 年代以后，我国的学者开始着手研究地质灾害分类的工作，许多的新理念、新方法都是在这一时期提出来的，更多的学者注重模型对地质灾害的预测和评估，创造了许多适应性强的新系统，提高了地质灾害控制标准。通过建立基于 GIS 的区域地质灾害空间数据库和分层图形库来研究地质灾害发育的程度以及存在的危险系数，对区域地质灾害进行预警和防治规划。

目前，我国主要以"3S"技术为核心来进行地质灾害的研究。就目前取得的成果来说，首先，我国在地质灾害的预测监管方面取得了长远的进步，预测的准确性也大大提高；其次，经过这么多年众多学者的共同努力，我们基本了解并掌握了我国地质灾害的类型和其发生的区域，建立了地质灾害的分布网，另外，随着科学技术的提高，我国将更加先进的科学技术应用于地质灾害的研究中，这些先进的技术对于地质灾害的预测和防治起着重要的作用。除了上述成果之外，我国近年来也更加注重在人民群众中宣传对地质灾害的预防和应对。

自从进入 21 世纪，我国也更加注重突发地质灾害的研究，一些重大的地质灾害现象成为现在研究的热点。这些地质灾害现象前兆一般不明显，地质灾害活动强烈，造成的破坏严重。一些学者也开始着手建立域性地质—气象耦合分析预警的途径来应对这些突发性的地质灾害。通过对定性分析和定量分析、模拟计算评估相结合，提倡应用实用性科技方法和 GIS 技术对当地地质灾害发生的可能性、危险性进行评估，预测这些突发性的地质灾害。

　　总体来说，我国地质灾害的研究在往更好的方向发展。我国的地域辽阔，我们也在不少方面取得了一定的成绩。国家在进行全国性的地理信息系统的建设，随着研究人员的不断努力，我们的地理研究系统也会越来越完善。由于我国人口比较紧密，我们在地质灾害的预测和应对方面也做出了巨大的努力，新的技术也不断应用在地质灾害的研究，特别是预测和防治方面，我们也在这些方面取得了一定的成绩。虽然我们也有许多的不足，但是我们也在不断地向国外先进国家学习，通过学习将先进技术应用在我国的地质灾害研究上。我国在地质灾害方面的研究毕竟起步较晚，许多技术需要完善，数据的采取也需要更多时间去充实。随着技术水平的提高，我们的数据需要更高的精度，同时，需要在保证可靠的基础上研究更加经济、方便的抗灾设施和手段。

第六节　地质灾害治理中监理的重要性

一、监理的性质概述

　　"监理"属于一种国际惯例，建立监理制度在国内外受到了广泛的关注。在国内，建立监理制度的目的是解决传统管理模式中存在的问题，在国外，则成了银行贷款的条件之一，甚至是规避海外工程承包教训的规范。因地质灾害治理工程具有特殊性，表现在工程难度大、施工周期长等多个方面，所以需要积极地开展监理工作，其对于项目的治理成效有着直接的影响，能够保证施工进展更加的顺利，同时也可让相应的施工质量得到有效的监管。监理工作性质就是在项目法人的委托下，根据国家批准的建设文件以及项目建设的法律和法规等，对项目建设实施科学合理的监督管理。在地质灾害治理工作中，监理人员秉承着科学、尊重事实及组织协调的原则，维护各个主体的利益，坚持着公正、自主的原则，促使项目的建设更加的顺利。将监理的性质进一步细化，可以划分为服务性、科学性、公平性及独立性等不同的内容，概述其服务性，重点指的是其不同于承建商的直接生产活动，也不属于投资活动，而是一种获取技术服务性的报酬。关于科学性，可以解读为工作体现出科学性，为项目管理和技术实施提供智力服务。工程监理机构主张将事实作为主要的依据，同时将法律和基本的合同视为准绳，在确保各方利益的基础上，充分的反映出监理的公平性。监理独立于建设单位和承建商，属于一种平等主体的关系，需要按照独立自主的原则开展相应的监理活动。

二、监理在地质灾害治理中的重要性

监理工作的落实对于地质灾害的治理工作影响较大，尤其是对于这种特殊的项目来说，积极地落实好相应的指导和监管，能够让项目治理的成效更加的明显。监理对于地质灾害治理工程有着非常深刻的影响，其重要性可以通过国家出台的一系列政策加以概括：建设部在1988年印发了《关于开展建设监理工作的通知》，就监理的地位进行了详细的阐述，明确监理人员需要积极的参照相关的制度规章落实具体的工作。建设监理制度属于国际惯例，在国际上可以看到其具体的地位，因此在地质灾害治理工作中开展监理工作的指导思想就是优化管理体系，促使投资的效益和建设的水平稳步提升。

（一）加强地质灾害治理中的安全监理

监理属于地质灾害治理中非常关键的组成部分，应该重视其占据的地位，积极地规范监理的工作模式，确保其在地质灾害治理实践中的作用充分的显现。在地质灾害治理工作中，应该重视相关细节的落实，保证落实好严格的监理，依照国家的政策和法规等，将安全监管工作落到实处，确保实现既定的监理目标，根据既定的程序和制度规章等，积极的履行相关的职责，对承建单位给予高度的关注。

（二）确保地质灾害治理的质量在

监理方积极地参与到地质灾害治理工作中时，需要对施工方的施工条件做出合理的分析和判断，审查其具体的施工方案，判断是否采取了规范性操作。监理逐步优化的质量管理体系，可以让施工质量检测制度和综合的水平考核落到实处，体现出极为优良的实践成果。监理方会参与到相应的审查工作中，针对施工组织和施工方案等做出合理的判断，将设备的材料以及质量等加以考量，明确其是否符合既定的标准，由此及时的规避安全事故的出现，保证了施工过程的安全，让项目的建设质量得以维护。

（三）收获投资效益及社会效益

监理工作的落实关系到社会效益和投资效益的实现。现阶段，国家的监理制度趋向完善，这对于工程管理制度的进一步完善和改革等有着积极的推动作用，在确保质量的基础上，促使投资效益以及社会效益等稳步的提升。地质治理工程重点是将地质体视为最基础的工程项目，严格的依照施工的土质和具体标准做出合理的判断，监理需落实质量、进度和工期等不同方面的科学化管理，同时还需及时提出有针对性的建议，适当的完善设计的标准，促使地质灾害的治理工作有条不紊地开展。监理方应该依照实际的情况，提出相对科学的建议，将相应的信息合理的反馈，促使施工方案更加科学的制定出来，让施工单位更加顺利的落实施工活动，依照科学的规划正确的施工，给工程的建设提供较为合理的支持。

（四）对治理工程进度的控制作用

1. 审批承包商

在项目开工之前，承包商应该严格的依照合同的工期进行分析，同时了解自身施工组织的情况，明确机械设备的准备情况等，细致的编制总进度、年进度和季进度等方案。监理在这个过程中需要扮演好自身的角色，针对承包商提供的多种进度计划做出严格的审查，审核总进度计划的合理性和科学性，审查其他计划的科学性和规范性等。如果发现其中存在的问题，应该及时的与承包商进行协商，就相关的问题制定出合理的解决方案，保证意见一致。若是有必要，监理还需要依照承包合同的相关指令，对于进度计划等做出适当的修改，前提是与承包商进行沟通，保证进度计划的修改符合实际的情况。

2. 督促方案的实施

进度计划经过了相应的审批之后，监理需要做好本职工作，在施工阶段落实督促实施的细节，逐步跟踪并分析施工进展，分析现场机械设施、人员等基本情况，落实现场施工组织及调度的规划，确保其规范化施工，检查工程中是否存在着停工、窝工等多种多样的干扰因素。因地质灾害治理工程往往需要经过道路条件较为复杂的区域，所以需要对施工材料的进场和储备数量等加以判断，避免雨天之后出现道路湿滑的情况，这就会给施工全过程产生负面的影响。针对影响到施工进度的多种因素，监理需要对承包商加以督促，使其积极的排除一系列因素，保证施工顺利开展。为确保进度计划更加顺利的展开，监理应该积极地做好协调计划，将不同承包商之间的干扰加以排除，采取相对合理的举措清除一系列不利的因素，促使施工的条件更为完备。

3. 合理调整施工进度

监理应该对施工进度进行严格的监督和检查，如果发现施工进度出现了滞后的情况，需要分析出现相关问题的原因，及时的通知承包商采取合理的措施加以追赶，可以适当地增加施工的人员、机械设施以及设备等，逐步地优化施工现场的组织方案，促使工效稳步的提升，保证总进度计划得以实现。如果采取了相应的追赶措施仍然无法提升施工进度的情况，监理人员可以提出对原进度计划的调整方案，经由承包商对其做出合理的修整，之后上报至监理加以审批，保证工程项目的施工进度在计划指导之下更加顺利地开展，以免影响到施工进度的合理控制。

（五）对治理工程投资的控制作用

1. 计量支付

因考虑到地质灾害的实际情况，在治理实践中，需要重视施工技术的规范程度，只有保证施工技术的规范性，才能在项目施工前做好一系列准备工作，保证地质灾害的治理成果显著。监理人员需要积极地做好各项工作，尤其是计量支付方面，需要规划较为详细的实施细则。在基槽验收的过程中，针对超挖不予计量的情况，以及不合格工程不予支付、项目工序未全部完成不予支付的情况，需要进行合理的区分。每个月需要对承包商递交的支付申请做好细致的规划和审核，关于工程量和实际完成工程量等做好一致性的对比，审核承包商申请支付的预付款，判断其是否符合合同规定的比例，审核质保金的预留以及预付款的扣回情况等，是不是符合合同实际规定的基数和相关比例。

2. 工程变更审核

变更重点涵盖着不同的种类，如工程变更以及合同变更，较为常见的就是工程变更。地质灾害治理工程的施工地质条件较为复杂，施工环境极易受到负面的影响，所以征地补偿工作的开展较为困难，导致施工中极易出现变更的问题，最为严重的后果就是使得工程费用呈现出增加的趋势，还会导致工期延长。监理应该依照工程变更的申请，仔细地分析内容和基本的原因，按照变更的程序实施对应的变更工作，针对工程项目变更的情况，需要分析对应的价格，之后做好后续的施工细节，以免出现变更影响到投资的问题。

3. 避免或减少索赔

工程索赔属于普遍存在的合同管理业务，属于法律界定范围内，以合同条款为参考依据的行为。索赔情况的出现通常是指的工程合同在具体实施的时候，合同一方因自身原因之外的因素影响，出现了不履行相关条款的义务而遭受的损失，从而向对方提出了索赔的要求。索赔控制属于投资控制中非常关键的内容之一，在地质灾害治理工程实践中，考虑到大多数工程都是隐蔽工程，受到施工及复杂地质环境的影响，极易出现索赔的情况。

监理工程师需要清楚的了解合同文件，特别关注相关的法律法规等内容，明确引起索赔的具体情况，采取合理的预测措施，避免或者是减少同类型事件的发生，及时地将监理指令发出，保证索赔的损失程度降至最低。

在索赔的事件出现之后，监理除了做好本职工作外，还需要要求承包商及时地报送详细资料，做好完善的记录和分析，提供较为完善的监理日志等，重视影像资料的合理收集，促使承包商的索赔报告可以实现较为合理的评估，保证索赔的损失能够得到有效的控制。

三、地质灾害治理中的监理举措

（一）准备阶段需做好质量控制

在施工前期，应该积极地落实控制举措，针对原材料和隐蔽工程等进行合理的控制和管理，监理方需要承担起相应的职责，督促施工方在人员安排和组织管理上注重科学合理的方式，强化对各个细节的管理及合理控制，比如在钢筋及水泥控制方面，针对进场的原材料，应该做好质量检查，保证其拥有质量保证书，同时还应该具备最基础的复检报告。尚未经过合理检验的材料，不允许进入施工场地。地质灾害治理区域往往是在自然环境下出现，因此施工条件相对恶劣，在交通、施工模式上存在着诸多的问题。面对较为复杂的地质条件，需要及时地将材料质量检测视为一项基础性的工作，监理人员应该积极的承担起相应的职责，采取合理的检测方式，对随机试件加以监督。工程中运用较为普遍的材料就是混凝土材料，需要施工单位确保水泥和砂石等材料的配合比得当，在具备了最基础的混凝土材料之后，施工单位应该确保水泥、砂石等配比率符合相关的标准和要求。在拥有着科学试验报告的前提下，明确混凝土实际的配比量，了解其是否符合具体的情况。地质灾害治理实践中，凸显出较多的隐蔽性特征，施工阶段需要监理人员及时地对施工现场加以巡查，避免工程中出现质量问题。

（二）落实施工阶段的质量监理

在施工过程中需要明确地质灾害治理工程的特殊性，对其实现动态化的管理，现场的监理人员应该积极的优化施工图纸及施工方案，保证将静态化的控制转变为动态化的控制。需要积极的强化监理的力度，针对施工现场的情况，需要做好细致的处理，将设计中涉及的重点和难点做出合理的分析和判断，及时地提醒施工人员注意施工中存在的质量隐患。针对重点部位以及特殊工艺要求的施工部分，监理工程师应该做好在旁指导工作，若是发现其中的问题，需要采取合理的措施加以解决。依照工程项目的具体规模和基本特征，明确监理管理的项目实践，当施工现场进行浇筑以及砌筑的时候，监理工程师还是需要做好到现场的查看，依照设计的标准进行合理的验收。根据测量到的数据和结果等，判断项目的质量情况，若是发现质量上存在着问题，不能对其进行遮掩，需要及时的处理，以免后续出现同类型的问题。比如在该项目施工阶段，监理单位需要进行现场的勘察和管理，针对地质灾害治理点的实际施工情况，明确施工中可能遇到的问题，做好科学的评判与分析。积极地做好现场整改计划，主张施工单位在确保项目质量的前提下推动施工的进程，早日完成治理任务。另外，还需要着眼于推动地质灾害搬迁安置点的工作，将一系列的事项妥善的安置，保证细节问题得以解决。

（三）践行竣工阶段的监理工作

在施工完成后，监理人员也需要做好竣工后的一系列事务，采取科学的质量控制举措，保证项目整体的质量水平稳步的提升。完成各个阶段的项目工程是最基本的任务，若是事后发现施工中反映出质量问题或者是潜在的重大隐患，监理工程师需要担负起相关的职责，及时地发出工程暂停令，联合相关的单位处理施工中存在的主要问题，在确保项目质量和工程进度的前提之下，依照具体的施工标准，采取合理的方式处理。画出相应的流程图，及时地将施工工序加以标记，监理工程师针对实际的问题做出合理的判断，提出科学的指导建议。若是施工技术、施工工艺等符合国家的相关标准，施工记录以及相关的资料较为完整时，可以达到较为理想的治理结果。治理工程项目的投资是一个关键的问题，属于项目决策中的设计阶段，监理人员必须要采取合理的措施进行及时的控制，确保项目进度款项以及决算款等投入使用。在项目竣工阶段的阶段，监理人员需要做好相应的审核与检查，依照合同的相关约定，及时的收取相应的费用。

四、地质灾害治理中的监理建议

项目监理在项目施工中扮演着非常重要的角色，因此应该承担起自身的职责，其在建设领域彰显出的作用不容忽视。

地质灾害治理工程对比其他的项目而言具有特殊性，其受到自然环境的影响较大，因此需要监理单位和施工单位等做好有效的沟通，保证施工方安排的施工人员具备基本的技能和素养，相应的技术人员应该以水文、地质等专业为主。监理队伍需要通过招标、投标等方式选择系统监理单位或者是对应专业的监理工程师参与到相关的工作中。

现阶段，建设工程师监理收取的费用较低，地质灾害治理工程均分的单项工程款较少，往往集中在几百万元到数千万元，且多是以隐蔽工程为主。监理人员相较于建筑工程以及其他类型的项目来说更多，加之交通条件的限制，使得监理收取费应该高于同规模的工程项目。

地质灾害治理工程属于一项系统性的工程，在开展相应的治理工作时，需要重视的是监理工程师实际的参与资格，应该明确其基本的专业情况，保证其符合相关的参与资格。监理工程师应该持有最基本的上岗证书，也就是全国统考监理工程师证书，国土资源部还需要对监理工程师强化基本的教育和培训，使其可以积极地参与到地质灾害防治工作中，对相关工作予以专业的指导。重视监理队伍的科学化管理，优化队伍体系，逐步的构建起更为专业的地质灾害治理团队，积极地参与到相关项目的监理工作中。

地质灾害治理工程属于一项系统性的工程，监理人员在其中扮演着非常重要的角色，需要积极地做好细致的规划，担负起相应的职责，为施工单位落实相关的工作提供有效的指导和帮助，保证地质灾害治理效果显著。

监理作为地质灾害治理工程中的重要参与者，需要清楚的认识自身的重要性，与施工方做好沟通与协调，保证地质灾害治理工作可以更加顺利地开展，满足当前地质灾害治理工程项目的严格要求。在本节的概述中，旨在为相关的监理人员提供有效的参考意见，使其在后续的工作中积极地落实相关的工作，采取相对合理的举措完成既定的任务目标。

第七节 地质灾害风险评价方法探究

在自然条件和社会条件综合作用下形成了我们所说的地质灾害，地质灾害的发生必然危害人民生命安全以及财产安全。我们在新闻等媒体常见的滑坡、崩塌、泥石流、地面塌陷等都是地质灾害。由于此种自然现象，引发了地质灾害风险评价概念及其相关学科的诞生和发展。地质灾害风险评价是对风险区遭受地质灾害的可能性和后果开展定量分析与评价，以及采取相应措施来降低风险可能性的一门集自然属性和社会属性并重的交叉学科。

地质灾害风险研究是自然灾害风险研究的一个分支，是近年来兴起的一个越来越受重视的新领域。相对而言，地质灾害风险评价具有较强的针对性，表面上仅仅对地质灾害开展研究，在实际的工作中，会依据自然灾害的大背景和相关资料，开展地质灾害的理论与方法分析，为日后的抵御工作及预防工作提供必要的参考。对于我国而言，每一次地质灾害的发生都会造成严重的损失，无论是经济上的还是社会上的，都不是我们想看到的。在此，本节主要对地质灾害风险评价方法展开讨论。

一、地质灾害风险定义及其主要特征

目前对灾害风险这一概念有不同的定义和解释。大部分权威性辞典的定义为"面临的伤害和损失的可能性""人们在生产劳动和日常生活中，因自然灾害和意外事故侵袭导致的人身伤亡、财产破坏与利润损失"。1984年，联合国教科文组织 UNESCO 将其定义为：由于某特定的自然灾害对经济、社会、人口所可能导致的损失。

基于自然灾害风险的普遍意义和地质灾害减灾需要，将地质灾害风险定义为：地质灾害活动及其对人类造成破坏损失的可能性，它所反映的是发生地质灾害的可能机会与破坏损失程度。

地质灾害风险具有一般自然灾害风险的主要特点，主要表现在下述两个方面：

一是风险的必然性或普遍性。地质灾害是地质动力活动、人类社会经济活动相互作用的结果。由于地球活动不断进行，人类社会不断发展，所以地质灾害将不断发生。从这一意义上说，地质灾害乃是一种必然现象或普遍现象。

二是风险的不确定性或随机性。地质灾害虽然是一种必然现象，但由于它的形成和发展受多种自然条件和社会因素的影响，所以具体某一时间，某一地点，地质灾害事件的发生仍是随机的，即在什么时候、什么地点发生何种强度（或规模）的灾害活动，将导致多少人死亡或造成多大损失，都具有很大的不确定性。

地质灾害风险特征是构建地质灾害风险评价理论与方法的基础或出发点。基于地质灾害风险的复杂性，对地质灾害风险认识与评价是一个不断深化、完善的理论研究与技术方法的创新过程。

二、地质灾害风险评价类型

在现阶段的社会发展中，地质灾害已经成为严重影响居民生活和社会进步的威胁，并且其威胁程度持续上升。根据以往的地质灾害情况和目前的各项研究成果，对地质灾害风险评价类型进行丰富。首先，根据风险评价地质灾害的种类，可以划分为单灾种风险评价以及多灾种综合风险评价。在客观的评价内容上，二者基本上没有差异。单灾种风险评价在应用过程中，其涉及的要素比较单一；多灾种综合评价在应用过程中，会将单灾种作为基础，开展大范围的评价，包括地质灾害的危害程度、范围，等等；其次，根据地质灾害风险评价范围或者面积，可以将地质灾害风险评价划分为点评价、面评价、区域评价三个方面。在实际的应用当中，会结合受灾区的实际情况来选择。

三、地质灾害风险评价实施过程

地质灾害风险评价实施是对地质灾害风险评价任务的综合诠释，依据地质灾害风险评价的内容和评价系统，地质灾害风险评价实施包括以下 5 个流程，详细步骤如下：

建立基础空间数据库：包括研究区的地质灾害分布图、遥感影像图、数字高程模型（DEM）、地层岩性分布图、区域地形图、区域地质图、地质构造分布图、降水量分布图、人口分布图、建筑物结构分布图、土地利用图、已有防治工程布置图等各种基础图件。

危险性评价：评价地质灾害的危险程度。其评价工作思路和方法分为两个阶段：第 1 阶段：地质灾害敏感性评价；第 2 阶段：地质灾害危险性评价。在基础数据库中选取敏感性控制因子，建立地质灾害敏感性评价体系，引入诱发因子（地震或降雨），最终完成地质灾害危险性评价。

易损性评价：对影响易损性的各种致灾因素和抗灾因素进行分析，计算承灾体的承灾能力。首先建立易损性评价体系，开展易损性综合评价。鉴于致灾体和承灾体的致灾及易损性特征，对地质灾害易损性评价需要从两个方面入手：一是地质灾害体的致灾特征；二是承载体的抗灾特征。

期望损失分析：在危险性、易损性及抗灾能力分析评价与区划的基础之上对评价区所有资产进行期望损失分析。

风险决策、风险控制与风险管理：

在整体分析地质灾害可能造成的人员伤亡、财产损失以及生态环境破坏的基础之上，进行综合风险评价和风险区划，从而进一步明确风险区的风险分布特点和形成条件，根据实际需要提出针对性的综合系统工程和防灾减灾对策建议，实现风险决策、风险控制与风险管理，为国家政府职能部门服务。

综上所述，地质灾害的风险评价有利于对环境进行保护和贯彻我国的可持续发展。地质灾害一方面是自然因素导致，另一方面则是由于人类开发利用资源环境的不合理性，因此，对资源环境进行合理开发利用、避免地质灾害的发生或降低地质灾害带来的损失是保持国民经济可持续发展的重要方面，应该不断地加强对地质灾害的风险评价的分析和研究。

第八节　岩土工程地质灾害的成因与防治

岩土工程十分广泛，同时由于工程开展所发生的地质灾害也较为普遍，在这样的条件下，研究岩土工程地质灾害的成因与防治方法显得尤为重要。本节将结合实际情况研究岩土工程地质灾害发生的多种因素，希望通过对成因的分析制定出行之有效的防治对策。

经济社会的不断发展，加大了对各种资源的需求，因此对资源开发力度的不断增加导致了人类活动中岩土工程开展的力度有所增加，而工程活动开展所带来的后果则是对地质环境、生态环境的较大压力，尤其是对在岩土工程开展后所产生的地质灾害的控制就显得尤为重要。

一、岩土工程地质灾害的内涵和特征分析

（1）岩土工程地质灾害内涵。在我国地质灾害频发，从全世界来讲，我国是地质灾害发生率相对来说较高，同时地质灾害较为严重的国家。地质灾害频发对人们的生产生活和国家的经济发展都造成了严重的损失或威胁，基于这样的条件对地基进行处理逐渐形成了岩土工程的科学技术。由此不难理解，岩土工程主要就是在各项工程建设中所涉及的与岩土土体开挖、加固等相关的工程建设。对于地质灾害的防治工程则是对由自然因素和人为因素造成的地质灾害发生而进行的防治工程。通过对我国地质灾害防治条例的解读可以了解到，我国的地质灾害种类，主要包括滑坡、崩塌、泥石流等灾害。

（2）岩土工程地质灾害特征。我国幅员辽阔，地形种类多，地理环境相对复杂，不同地区的地理环境发展有其自身的独特性。另外，我国虽然地理面积较大，但相对所承担的人口密度也较大，人口数量大以及经济发展的需要来开展各项工程建设，由此导致的岩土工程地质灾害发生较多。这主要是受到地形多样性，以及工程开发的多种影响，我国岩土工程地质灾害主要有发生的类型较多，复杂程度不一，分布面积较广，发生频率高，且伤害程度大等相对明显的特征。近年来，虽然我国在岩土工程地质灾害防治方面做出了很多的应对措施，但是岩土工程地质灾害发生的频率和灾害程度呈逐年增长的态势。这样的情况不容乐观，对生态环境和经济发展都造成了严重的伤害，而在众多导致岩土工程地质灾害发生的原因当中，有相当一部分是由人为因素造成的，因此在加强岩土工程地质灾害防治工作方面，要充分发挥人的主观能动性，减少人为因素所导致的灾害发生。

二、造成岩土工程地质灾害的原因

我国目前最常见的岩土工程地质灾害主要有滑坡、泥石流、崩塌、地表变形等，下面

将对几种常见的岩土工程地质灾害的类型成因进行分析。

泥石流发生时的状态表现为洪流形式，主要是因为大量的降水造成山坡地带以及坡度存在的沟谷地形中土质较为疏松的地质条件下，大量泥沙碎石等物质与洪水混合后形成洪流，由上而下快速冲刷堆积。泥石流产生的主要原因从表面来看是由于对土壤植被保护不力，如乱砍乱伐、不合理开挖地表及山坡，造成土质疏松、植被覆盖率低，从而造成的水土流失。当这种情况遇上大量的雨水后，由于地形地势的特殊性，从而造成洪流。

在多种地质灾害中，滑坡是较为常见的一种，其成因主要是由于坡体斜度的存在，以及坡体上岩石土体受到外在因素的影响，从而沿具有坡度的坡体较为松软的一面产生的部分或大部分整体滑移的现象。对滑坡的成因进行分析后，可以得知造成滑坡的最主要因素是大量的水对坡体进行浸泡或冲刷后，使坡体内部出现空隙后岩土或土体受到外力影响大面积下滑，另外地震造成的震动也容易造成滑坡。因此，不难分析容易发生滑坡的地带，主要是降雨量较大或突然强降雨，以及发生地震地势较高的地带。

对于崩塌地质灾害来讲，主要是在道路工程边坡开挖以及矿山生产等岩土工程时容易造成的陡坡岩体失去稳定性后发生的，另外就是岩土体内部存在真空层，受外力影响或内部支撑不利发生折断造成崩塌。

这种地质灾害主要发生在坡体较为陡峭的地方。造成这种地质灾害的主要原因就是岩体造成强烈震动，以及边坡开挖采矿等影响岩体的整体结构，另外，由于地下水的不合理使用或开采造成地表下陷、地表裂缝、地下矿产开采使地面沉降等。

三、岩土工程地质灾害防治对策

（1）针对泥石流灾害的防治策略。泥石流灾害的发生，由于其受到的外界自然因素的影响较大以及其突发性的特点。如果从防治其发生的角度来讲存在较大的困难，因此可以选择避绕的方式。在无法避开的情况下，就要采取阻挡、引排的方法进行防治。阻挡可以对泥石流高发地区的沟渠修筑拦沙坝，有效地拦截泥石流中的沙石等固体物质，这将有效降低泥石流带来的灾害。另外，通过引排的方式也可以起到很好的防治作用，在泥石流流经的区域修筑沟渠将泥石流进行改道。

（2）加强生态环境建设防治地质灾害。岩土工程地质灾害的发生在很大程度上是由于自然因素以及自然条件下土质、植被等原因造成的，因此通过改善生态环境的生物防治方法可以有效地减少岩土工程地质灾害的发生，这种措施主要是通过植树造林、植被护坡的方式加强地质灾害高发地区的植被覆盖率，提高土质，从根本上提高土壤本身抵抗地质灾害的能力，减少地质灾害的发生。生物防治的方法不仅可以发挥很大的作用，同时资金投入相对较少，既可以保护生态环境的可持续发展，同时又可以减少经济成本，而且生物防治完成后，可以连续多年产生效果。地质灾害频发的地区多是由于生态环境遭到破坏而产生的，生态自然恢复能力较差，再进行其他工程施工会进一步加大对自然的破坏，因此生物防治的方法是一项长久有效、节约成本、适用性强的方法。

（3）工程防治法加强对地质灾害的防治。工程防治方法主要是通过护坡工程、拦截工程以及生态移民的方式尽可能减少岩土工程地质灾害所带来的损失。通过工程进行防治的方式需要在完工后对工程主体以及地层地质变化不断进行检测和监测，对出现问题的工程主体进行加固维修，保证工程质量可以抵挡地质灾害带来的威胁。由于施工地点处于地质灾害高发地区，因此在施工过程中要注意施工安全，减少事故的发生。

（4）针对崩塌以及地表变形地质灾害防治方法。对于崩塌地质灾害主要通过排水来减少岩体内部的流水侵蚀以及对墙体、坡体维护的方式进行防治。对于地表变形的地质灾害主要方法是夯实地表、对裂缝进行灌浆。夯实法是通过巨大的压力对土体冲击后增强自身的抗压能力。灌浆填土的方法是在地面已经产生塌陷、裂缝等灾害后，通过对发生灾害的地方进行清理后实行填充的方式来解决问题。

岩土工程对于我国经济社会发展有着重要的作用，但是在发展过程当中也会产生一系列的问题，针对岩土工程地质灾害的发生，我们应该不断分析各项灾害的成因，从而制定出更加有效地防治措施，融合新的技术方法提高防治水平。

第九节　煤矿地质灾害以及防护措施

近年来，中国的地质灾害不时发生。在煤矿地质灾害发生过程中，煤矿安全和相关工作人员的人身安全，国家财产损失不可估量，因此，在我国煤矿生产过程中，必须全面预防煤矿地质灾害。为有效避免煤矿地质灾害引发的严重安全事故，本节主要阐述和分析了煤矿地质灾害的相关问题及相应的保护措施。希望通过对本节的阐述和分析，可以有效地改善我国煤矿地质灾害的防治，为我国煤矿的可持续安全生产做出贡献。

在我国煤矿安全生产过程中，存在着许多安全隐患。煤矿地质灾害的安全隐患的存在可以极大地影响我国煤矿的安全生产，严重影响煤矿的正常运行，因此，在中国煤炭工业的生产经营过程中，有必要为煤矿地质灾害做好充分准备，以应对和防止煤矿地质灾害的发生，并尽量减少煤矿地质灾害对煤矿生产的影响。

一、中国煤矿生产过程中地质灾害的主要现状

作为中国经济发展过程中的重要环节，中国的煤炭工业一直在中国经济发展中占据非常重要的地位。一方面虽然煤炭开采活动为中国的经济发展注入了动力，但中国煤炭开采过程中的煤矿地质灾害也给中国的经济发展带来了一定的阻力；另一方面，煤矿地质灾害的发生为中国煤炭工业的健康发展带来了许多不确定因素。例如，2003年安徽省煤矿瓦斯爆炸安全事故中，2004年河南发生地下隧道塌方事故。两者都给中国的煤炭工业和中

国的经济发展带来了巨大的损失。特别是河南省严重的煤矿安全事故造成了 56 人死亡的严重后果。煤矿地质灾害受到中国煤炭工业和相关政府部门的高度重视和监督。根据中国煤炭工业的发展现状，中国煤矿地质灾害必须得到有效治理和预防。只有确保中国经济的持续发展，才能最大限度地提高中国煤矿企业的人身安全。

二、煤矿地质灾害分析

山体滑坡灾害。在开采煤矿的过程中，改变山体的原始坡度和平衡将导致山体滑坡和泥石流等自然灾害。通过对过去滑坡事件的分析，此类事故的发生给中国造成了数亿损失。自然灾害最严重的地区是中国抚顺西露天煤矿。它经常导致采矿中的滑坡问题，对附近的人和企业造成严重威胁。

地面下沉和塌陷。地下沉降和沉降是煤矿中最常见的地质灾害。矿区岩石破碎的现象造成了地表的位移。此外，如果矿区抽水没有限制，地下水将重新分配，水力斜坡将在采矿区域引起漏斗现象，从而形成表面坍塌。煤炭开采造成的地面下沉和坍塌严重影响了附近居民的生活，威胁着人民的生命财产，造成了严重的经济损失。

煤矿地质灾害中的煤矿地质灾害。在中国煤矿的挖掘过程中，由于煤本身含有一定量的气体，一旦气体得不到有效处理，这将导致严重的气体安全事故。在 2006 年山西省煤矿地震灾害中，煤矿安全事故是由于煤矿开采造成的。在此过程中，没有有效处理煤气中造成的瓦斯事故，地质灾害是由瓦斯事故引起的，这一地质灾害造成了十八人身亡。因此，在我国的煤炭开采过程中，应对煤气瓦斯进行适当有效的处理，以避免类似煤矿地质灾害的再次发生。

矿井突水地质灾害与煤矿地质灾害洪涝灾害。我国煤矿生产过程中经常遇到的煤矿地质灾害是矿井突水地质灾害和洪水地质灾害。在此类煤矿地质灾害发生时，将严重影响煤矿的生产经营，但是，在实际的煤矿生产中，煤矿突水地质灾害经常发生。煤矿这种地质灾害的主要原因是矿井内部没有得到有效处理，矿井外部的压力也没有，因此，在煤矿安全生产过程中，必须注意采煤过程中的气压问题，避免矿井突水和煤矿地质灾害的发生。

三、煤矿地质灾害的防治措施

加强员工对灾害的认识。为了更好地防止地质灾害的发生，政府和煤矿当局应该更加重视，并大力宣传地质灾害对企业的影响。通过不断的宣传和培训，加强对广大采矿人员的地质灾害意识，提高相关人员的防灾意识，加强员工在思想和心理上对灾害的认识和预防。一旦发生自然灾害，采矿人员就可以拥有强大的心理能力，并有足够的信心克服灾难。通过定期培训，员工的自我安全保护意识将得到加强。煤矿企业必须加强对防灾措施的演练，一旦发生灾害，他们可以采取有效措施走出去。

对煤矿进行合理开采。要完善相关法律法规，制定有针对性的煤矿政策法规，并严格执行。在采矿之前，必须对采矿区进行科学和标准化的分析，以澄清采矿区的地质结构。同时，采矿区的确定应避开人口稠密地区，并尽量选择地质相对稳定的采矿区。在采矿过程中，严格遵循自然规律，把地质环境保护放在首位，始终注重地质环境问题的预防，通过合理开采减少地质灾害的发生。只有确保地质环境的稳定，才能获得稳定的经济效益，实现可持续发展。

矿井突水灾害的防治。矿井突水灾害的主要类型有顶板突水、底板突水和采空区突水。采取冻结法进行井筒的施工，施工周期短，早投产早受益，但是费用较高；设置防治突水隐患的专门机构，建立矿井地下水动态观测系统，并在矿井底部安装潜水泵；横穿工业场地的列克河河床需要进行改道，并修建安全的防洪河堤，合理确定井口标高并按照操作规范进行；防水保护煤柱需要预留足够的数量；煤矿的整个煤层处于侏罗统西山窑组的含水层中，在巷道挖掘开采过程中，突水事故易发生在构造带区域，在巷道开掘前做好充分的勘探检查工作是十分必要的。

定期的检查煤矿工程的地质安全措施是否到位。相关政府部门以及煤窑负责人员要定期的检查煤矿工程的安全措施是否到位，开采地区的地质特点，根据地质特点来制定开采计划，确定不安全的开采因素，把灾害发生的概率降到最低。根据不同的地域特点制定不同的施工措施，按照施工步骤，严格施工。

目前，由于煤矿生产运营过程中的过度开采和按标准要求开采失败，我国矿区出现了严重的岩层驱替问题。这个问题最直接的影响是中国煤矿地质结构的变化，导致中国矿山压力不平衡，这将导致严重的煤矿地质灾害。在矿区生产过程中，煤矿的地质灾害不需要夸大，其严重程度非常突出，因此，在我国煤炭开采和发展过程中，应及时采取相应措施，有效防治煤矿地质灾害，从而确保中国煤炭工业的安全生产。

第六章 地质灾害的创新研究

第一节 岩土工程地质灾害防治技术

　　地质灾害为人们的日常生活和工业生产都带来了非常大的危害，甚至造成严重的灾难。在岩土工程当中，必须重视进行地质灾害的防治工作，以确保岩土工程得以顺利的实施。本节对岩土工程地质灾害的种类进行阐述，从而对于岩土工程地质灾害的防治技术进行研究，希望通过本节，能够为岩土工程地质灾害防治提供一些参考和帮助。

　　随着我国社会经济的快速发展，基础设施建设的规模也在逐步地扩大。大量的建设项目为地质环境造成了诱发因素的影响，从而造成了泥石流、坍塌、滑坡等多种地质灾害的发生，为人们的生命安全以及工农业生产带来了巨大的危害，因此对于岩土工程地质灾害的防止技术进行研究是非常必要的。

一、岩土工程地质灾害的种类阐述

　　崩塌灾害。崩塌灾害是指斜坡上的岩土因为重力的作用出现滚动和崩落的情况，出现崩塌灾害的原因主要包括以下几个方面：

　　首先，地震造成的崩塌，由于地震会造成岩土的晃动，从而对于斜坡岩土的平衡性造成影响，最终造成的岩土崩塌。一般来说烈度大于七的地震就有概率造成大范围的崩塌灾害。

　　其次，降雨或者融雪造成的崩塌。大量连续的降雨会使水深入到斜坡岩土中，使岩土发生软化的现象，从而造成空隙水压力，最终导致崩塌灾害的出现。

　　第三，河流和地表水的浸泡会导致崩塌。

　　第四，人类的活动会造成崩塌，例如蓄水、坡脚开挖以及地下采集等等，这些人工活动都会对斜坡岩土的平衡造成影响，最终导致崩塌灾害的发生。

　　滑坡灾害。滑坡灾害是指滑坡上的岩土由于受到多种因素的影响而呈现向下滑动的现象。出现滑坡灾害的原因主要包括：大量的降雨、地表水和河流的浸泡、人类活动以及爆破和蓄水，等等。

滑坡灾害具有一定的同时性和滞后性，所谓同时性，就是在受到相关因素的影响后，大量的滑坡会同时出现；所谓滞后性，是指滑坡发生的时间比影响因素发作的时间稍晚，例如大雨、风暴以及人工活动等等。滞后的时间与斜坡的岩土性质具有一定的关系，岩土越松散，裂缝越大，滞后的时间也就越短。

泥石流灾害。泥石流灾害是在沟谷或者山坡中因为大量的降雨而产生的泥沙石块等物质的洪流现象，其中的固体含量较高，造成泥石流的原因包括随意的开挖和弃土以及滥垦乱伐等。

地面出现变形。地面出现变形的现象包括地面的坍塌和沉降，目前来看我国出现地面沉降现象的城镇已经达到了七十多个，而其中出现灾害的有三十多个，造成这种情况出现的原因包括随意的开采和地下水抽取等。

二、岩土工程地质灾害的防治技术研究

崩塌灾害的防治技术。

首先是填补空洞，也就是对斜坡中的缝隙和空洞进行填补，以防止斜坡岩土中的空洞和缝隙发生进一步的崩塌。

其次是削坡，例如在较为突出的危石区域或者较为容易风化的地段，可用削坡技术来对边坡放缓。

第三是护坡，例如在容易发生风化剥落的区域进行支护防护，来对边坡进行保护。

第四是拦截，一些区域容易出现剥落或者坠石现象，这时可在半坡当中设置拦截装置，例如落实槽或者平台等等，从而对于坠石进行拦截，另外，也可以利用钢轨或者棚栏来起到拦截的作用，通常这种技术也会应用于铁路工程的搭建。

最后是遮挡，就是指对崩塌物体进行遮挡，这种方式常用于小型的边坡崩塌防治，在铁路工程中应用的比较广泛。

滑坡灾害的防治技术。

（1）避免水造成的危害。应避免地表水对于坡体的浸泡和冲刷，防止措施包括在冲刷地区设置挡坝，也可在坡体前端设置石笼或者钢筋混凝土排管，等等，从而避免坡体受到水体的冲刷。要整治地表水，这对于防范滑坡灾害是非常重要的，并应该长期进行。疏通地下水，具体的措施包括通过拦截的方式将地下水引导滑坡区域的外围，并使用支撑措施来进行排水。也可利用坡体中的倾斜孔来将地下水排出，另外，盲洞和渗管等措施都是对地下水进行排出的有效措施。

（2）对建筑物设置防滑措施并改变坡体外形。如果失去支撑则滑坡可能滑动的速度更快，因此应采取支档措施来增加滑坡的重力平衡度，从而加速滑坡的稳定。支档措施包括抗滑桩以及抗滑挡墙，等等。应对滑坡区域的岩土性质进行改善，例如使用焙烧或者爆破灌浆等方式来对滑坡区域进行整治，从而避免滑坡灾害的发生。削坡技术常用于对没有可靠的滑坡区域进行处理，使得滑坡区域的重心变低，进而提升滑体的稳定程度。

泥石流灾害的防治技术。可利用修建隧道或者渡槽等方式来治理泥石流灾害，使得泥石流顺利的得以排泄，这是铁路和公路易发泥石流区域的重要防治措施。采用桥梁和涵洞的方式来从易发泥石流区域的上方通过，从而有效地避开泥石流。拦挡工程，是指减少泥石流的流量和能量来降低泥石流对于建筑物的撞击力度。拦挡措施包括储淤厂和截洪工程等等。防护工程指对泥石流地区的桥梁、隧道、路基及泥石流集中的山区变迁型河流的沿河线路或其他主要工程措施，做一定的防护建筑物，用以抵御或消除泥石流对主体建筑物的冲刷、冲击、侧蚀和淤埋等的危害。防护工程主要有：护坡、挡墙、顺坝和丁坝等。

其他防治技术。除了上述的防治措施之外，同时也包括：加强地质灾害防治学科的研究，为地质灾害的防治提供更多的理论依据。设置地质灾害防治专项经费，重点解决区域性的研究项目和城市建设及工程建设相关的地质灾害。

总的来说，岩土工程地质灾害的方式是十分复杂的，需要做好长期的准备，并综合的考虑多个方面的因素，通过结合具体区域的实际情况来制定出合理的防治方法，从而确保岩土工程的顺利施工。

第二节　矿山地质灾害特征及防治对策

本节主要介绍了矿山地质灾害特征及防治对策，重点介绍了矿山地质灾害的常见类型及其特征以及矿山地质灾害防治的有效对策，矿山地质灾害会对正常的矿山开采工作造成严重的影响，采取有效的防治政策可以避免矿山开采过程中出现地质灾害，保证开采的顺利进行，同时也可以提升开采企业的经济效益。

一、矿山地质灾害的常见类型及其特征

岩土体变形所导致的矿山地质灾害。岩土体变形所导致的矿山地质灾害是较为常见的矿山地质灾害类型。具体来讲，岩土体变形会导致矿山地面出现塌陷、滑坡和崩塌、岩爆以及地震等。下面对这几种地质灾害的特征进行详细的介绍：第一，矿山地面或者采空区出现塌陷。通常情况下，已经开始进行煤矿开采工作的矿山容易发生这种灾害，大多数矿山中的采空区都会设置矿柱来防止出现塌陷的情况，但是如果矿柱的设计缺乏合理性或者质量不符合标准或者矿山开采区域的地质结构较为复杂，也有可能会造成塌陷；第二，滑坡和崩塌。滑坡和崩塌在大多数情况下都出现在露天开采的矿山；第三，岩爆。岩爆矿山地质灾害与地应力有关，当煤矿开采工作越来越深入时，地应力的作用就会越来越大，在这种情况下，围岩就会因为受到力的作用而发生岩爆；第四，地震。煤矿开采工作可能会导致诱发性地震，这种地震的震级不会太大，震源也较浅，但是也会对正常的煤矿开采工

作造成一定的影响。

地下水位线变化所导致的矿山地质灾害。矿山开采会在一定程度上造成地下水位发生变化，这时就有可能会出现矿山地质灾害。地下水位变化所导致的矿山地质灾害分别有：第一，地下水涌入矿井。在矿山开采的过程中，地下水涌入矿井是一种非常常见的地质灾害，矿井中一旦出现大量的地下水，不仅会对开采工作人员的生命造成威胁，而且会影响开采工作的顺利进行。出现地下水涌入矿井这种情况的主要原因是工作人员在矿井中进行采掘时遭遇溶洞或者地下暗河；第二，泥沙涌入矿坑。如果出现了地下水涌入矿坑的情况，那么连带着就会出现泥沙涌入矿坑，如果矿山开采人员以及设备被泥沙覆盖，就会带来非常严重的人员伤亡和经济亏损；第三，矿山周边环境被污染。矿山开采工作会对矿山周边的环境造成极大的污染，有很多企业都没有意识到保护环境的重要性，直接将开采工作所遗留的垃圾和废物堆积在矿山中或者倒入河流中，这样就会带来严重的河流污染。

矿体内在因素所导致的矿山地质灾害。矿体内在因素所导致的矿山地质灾害分别有瓦斯爆炸、矿坑火灾以及地热等。首先，瓦斯爆炸在大多数情况下是由于矿井的通风不良造成的，在较为封闭的空间内，如果瓦斯的浓度到达了一定的数值，就有可能会引发爆炸，这样不仅会造成严重的人员伤亡，而且矿井也会被毁坏；其次，矿坑火灾是煤矿开采过程中常见的地质灾害，一些存在于矿井中的化学物质氧化之后会散发出大量的热能，热量累计就会造成矿井火灾，一旦发生火灾，矿山开采企业将会面临着巨大的经济损失；最后，地热是存在于地球内部的一种能量资源，当矿山开采的深度逐渐增加时，地下热度值就会越来越高，这时矿井中的温度也会越来越高，在这种情况下，矿山开采工作的环境就会变得恶劣，那么开采的质量和效率就会受到一定的影响。

二、矿山地质灾害防治的有效对策

国家相关部门要加强行政干预的力度。为了能够加强对矿山地质灾害的防治，单单凭借企业本身的力量是完全不够的，国家的相关部门必须要强化行政干预的力度。通过调查发现，我国目前存在一部分矿产资源开采企业为了提高自身的经济效益，在各方面降低开采工作的成本，其中就包括矿产地质灾害的防治工作，甚至有一些企业根本没有防治灾害的意识。除此之外，企业本身的能力也在一定程度上受到限制，因此，国家必须采取有效的干预措施。在进行矿山地质灾害防治的过程中，要遵循客观的自然规律，从矿山开采工作的整体出发，制定最为科学合理的防治方案，确保每一项工作都能够有序地开展。国家相关部门应该制定切实可行的法律法规，加强对于矿产开采企业行为的管理，引导企业自觉地开展矿产地质灾害防治工作。除此之外，相关部门还要加强对于矿产地质灾害防治的宣传力度，使居民能够充分认识到开展防治灾害工作的重要性，这样才可以使全民都投入到防治灾害工作中。

提高矿产地质灾害预测工作的准确度。对矿产地质灾害进行预测是防治灾害工作中最为关键的环节之一，为了能够提高防治工作的质量和效率，有关部门应该尽可能提高灾害预测工作的准确度。在正式的矿山开采工作开始之前，国家相关部门应该对企业所具备的技术、设备进行实地考察，并对其综合能力进行评价，如果存在企业达不到相关的标准，就要撤销其进行矿山开采的资格，同时，对于矿山中发生地质灾害概率较高的地点，要建立起较为完善的监控网络。除此之外，地质部门还要提前对矿山所在地点的地质情况进行细致的勘测，然后对相关的数据进行详细的记录，这样制定矿山开采方案的设计人员就可以结合实际数据来制定出科学、合理、适用的方案，进而为矿山开采工作的顺利开展提供一定的保障。

分等级对矿山地质灾害进行防治。为了能够在最大程度上提高矿山地质灾害防治工作的质量和效率，矿山开采企业可以分等级来完成灾害防治工作。一般情况下，可以按照矿山地质灾害的严重程度将防治区域分为重点防治区、次重点防治区以及一般防治区三个等级。对于重点防治区，矿山开采企业应该投入较多的精力来完成灾害防治工作，配备最为专业的技术人员，同时，企业还要分派专门的管理人员对重点防治区的情况进行实时的监控，一旦发现出现异常的情况，一定要在第一时间内通知相关的工作人员并采取紧急措施，尽可能将灾害消除在萌芽状态。除此之外，企业应该选择质量符合国家相关标准的矿柱，避免出现地面塌陷等危险情况。在此重点防治区，边坡和弃渣是矿山开采企业应该重点解决的两个问题。企业对边坡结构进行设计时，相关的设计人员一定要结合实际情况，确保边坡结构的科学性，同时，弃渣的处理也应该将不会对环境造成破坏作为前提，否则不仅会导致土地面积遭到侵占，而且会导致当地的环境质量有所下降。在一般防治区，出现矿产地质灾害的可能性较小，矿产开采工作人员严格按照开采方案来进行开采工作即可，同时企业还要对相关的管理工作进行强化。

本节所介绍的常见的矿山地质灾害分别有：岩土体变形所带来的矿山地质灾害、地下水位线变化所带来的矿山地质灾害、矿体内在因素所带来的矿山地质灾害等。矿山地质灾害防治的有效对策分别有以下几个方面的内容：国家相关部门要加强行政干预的力度；提高矿产地质灾害预测工作的准确度；分等级对矿山地质灾害进行防治等。

第三节　地质灾害防治与地质环境利用

我国的地质灾害较多，这些灾害不仅威胁人们的生产生活，严重的还会危及生命，对于我国经济的发展阻碍严重，特别是当今的中国工业经济高速发展，资源被严重肆意开发，各地地质问题频发，有些地区已经威胁到当地居民的生存以及发展了，所以本节就是在此前提下，探究了我国如何做好地质灾害的相关防治工作，以及对于这些地质环境的综合利用。

地质灾害多是因为自然地质作用而造成的问题，但是近年来我国的人为破坏也造成了很多的地质环境恶化问题，从而造成了一些不必要的损失，并且有些地区尤其是煤矿采空区的地质灾害一旦发生，就会对当地带来难以修复的破坏。有统计显示，我国近年来的地质灾害已经呈现出频繁的趋势，同时因为我国各地的破坏行为未被有效地遏制，因此以后的这一类问题将会更加的严重，会严重阻碍当今社会经济的可持续发展，本节就是在此背景下，探究了我们应该如何加强各地地质灾害的防治工作。在采取有效措施的前提下，如何预防其发生，尽可能地降低这一类灾害事故对于当地环境以及地质的危害，因此我们要应用更新的技术来更好地掌握这些地质灾害的发生规律，积极地探究其防治的有效办法，为其防治积累理论经验，进而促进我国相关防治措施的完善，从而达到我们所预期的防灾减灾效果。

一、我国地质灾害现状分析

地质灾害突发性强，危害性大，前期的预警少，尤其对于大概的民众的生命、财产安全都是威胁极大的。我国因为地域广阔，在资源丰富的同时，也造成了地质灾害的种类齐全、分布广，同时有些板块交汇地区更是灾害频繁发生，并且在我国前期的经济建设中，盲目地追求快速发展，对于各地的资源都进行了过度开发，对各地的地质环境破坏显著，空泡增多，当地地质灾害的发生概率也进一步增加。不利于我国社会的和谐稳定发展。

二、地质灾害防治的措施

（1）建立调查区。我国的相关部门首先要建立对应的调查区，进而降低突发地质灾害对于当地的破坏，减少经济损失，并且我国的地质研究部门也要做好我国各地的地址调查工作，并且加强对应的调查、搜集信息的能力，同时对于一些高发地区建立对应的灾害调查区，进而进行重点防治，而我国负责地质灾害防治的部门也要深入调查区搜集当地对应的地质灾害信息，并且利用当今的大数据以及云处理技术对这些信息以及数据进行调查分析，从而加强当地对于灾害的控制力度。

（2）安装报警设备。我国与地质灾害防治相关的部门要积极引进或者是研发先进的地质灾害预警技术，在我国一些地质灾害频发的地区针对性地安装完善的报警设备，这样我们就可以有效地掌控当地的地质信息，以便配合救援队救灾，并且在灾后，我国相关的研究人员也可以通过这些预警系统所收集的地质灾害数据以及信息来有效地分析其预防效果，这样就可以更好的总结经验，完善对应的预防体系，进而保证预警的有效性。当然构建的报警设备的作用主要有两点：第一，在灾前提前预警，并且还可以根据这些信息监测技术有效地搜集地质灾害发生时的相关数据以及波段信息，总结其特点，进而预测可能发生的地点，以达到及时预测的目的。第二，在灾后，相关的技术人员也可以利用报警设备所搜集以及反馈的灾害信息来分析其破坏程度，进而针对性地提出解决对策，配合救援，这样就可以最大程度的降低灾害所带来的损失。

（3）制定搬迁条例。在我国的一些地质灾害频发地区，必要的搬迁措施都说必不可少的，同时规划安全区域有计划的搬迁也是很有必要的，并且在突发地质灾害时，有条不紊地撤离是保证减少损失的必要措施，完善以及有效的搬迁条例就是保障当地民生的重要手段。

（4）完善应急处理机制。在突发地质灾害面前，如果当地政府制定了完善的应急处理机制，那么这场灾害所带来的损失就会被有效地降低，所以，对于地质灾害频发的地区来说，完善的应急处理机制就是灾时救命的必要保障。就目前而言，我国的经济实力强劲，在地质灾害后，我国可以在第一时间调集人力物力展开救援行动，全国之力帮助灾区人民渡过难关。当然现代信息技术在应急救援中也是作用显著，所以它们的有效应用也是必不可少的应急处理方法。

三、地质环境利用措施

（1）建立地质环境信息管理体系。随着我国信息技术的迅猛发展，它们在我国的各行各业都是应用广泛，而我国的地质环境综合利用也是需要将这些技术应用其中的，全国范围内的地质环境信息数字化是必不可少的适应措施，当今社会要逐步地建立一个完善的可以应用广泛的地质信息管理体系。当发生灾害时，这样我们就可以首先使用先进的检测以及采集设备搜集这一区域的大数据信息，进而有效地进行就在指挥。当然我国的相关专家也要定期交流，共同研发更加完善的地质环境信息管理体系。

（2）工程地质环境合理利用。工程地质环境一般情况下问题较多，而且它们的合理利用也是困难重重。加之我国地质环境庞杂，资源开发多在山区，所以，这些地区的工程地质环境综合利用就具有非凡的意义。首先，我国的相关技术人员要积极地勘查这一地区的相关地质环境，绝对是实地勘测才可以，毕竟地质环境随着时间、气候的变化还是很明显的，之后再根据勘测结果利用相关的大数据或者是云处理技术来分析这些工程地质环境的安全系数，并且预测他们对应的风险系数，最终实现对这一地区的安全建设，进而防治灾害；其次，人与自然的和谐相处就是当今我们必须遵守的建设原则，为了子孙后代我们也必须走可持续发展的道路。就目前而言，我国现阶段的地质灾害，板块活动引起较少，人为造成的更多。所以人在破坏自然的同时，也就会导致地质灾害的频繁发生，进而危害自身。因此，当今社会以及国家都要统筹协调人与自然关系，尽可能的保护环境，和谐共生；第三，各地要合理利用本地的地质环境。综合分析各方面的因素，绝对不能只顾眼前利益而去盲目开发。

（3）和谐发展。和谐发展的理念就是保证人与自然可持续发展的中药保障。各地的政府在利用当地的地质环境时，要尽可能地减少人与自然的矛盾和冲突，进而有效地减少当地自然资源被消耗的速度，降低地质灾害发生的可能性。当然和谐发展也不是盲目的保护一切地质资源，合理的开发以保证当地的发展也是必不可少的发展手段，只要大家在坚持人与自然和谐相处的理念下，合理并且合法地利用当地的地质环境资源，那还是非常有必要的。

在地质灾害频发的今天，它们的有效防治已经是需要探究的重要课题。地质灾害防治能力的高低对于保证我国经济的稳定发展也是意义重大，所以必要的防治工作就是很必要的了。但是一般情况下，地质环境和地质灾害联系密切，基本上是不可分割的，所以当今社会在加强地质灾害研究的同时，对应的利用研究也就是相辅相成的，只有这样他们才可以研究出有效的防治地质灾害的对策以及理论依据，进而有效地减少它们发生的概率，这样就可以为我国的经济稳步发展保驾护航。

第四节　地质灾害防治技术及预控

我国的物产资源十分丰富，同时地质的种类也非常复杂，因此我国几乎是世界上众所周知的地质灾害国之一。地质灾害会给人们的生产与生活带来极大的损失，甚至会给人们的生命安全带来极大的隐患，所以及时找到相关防治措施则是地质灾害能够受到控制的一个基本条件。基于此，本节主要讨论了地质灾害的防治策略。

在进行岩土工程施工的过程当中，地质灾害的问题需要提前考虑，采用更加科学的方法进行预防，避免有可能会发生的地质灾害与造成的损失，使用科学的方法来进行预警是比较有效的措施，能够尽可能将人民生命财产安全遭到的损失降到最低。我国的地形相对比较复杂，如果想要让岩土工程的地质灾害防御工作落到实处，就必须保证相关部门的密切配合，不断探索更加有效的方式，从而使发生灾害的频率降低。

一、岩土工程地质灾害特征

在岩土地质灾害当中，滑坡和泥石流等都是非常常见的，无论是地震还是雨水的侵蚀，或者大规模对树林的砍伐都很可能会导致滑坡现象，而在基础建设的时候，也经常会因为破坏周围环境而导致出现滑坡，导致岩土地质结构出现变化问题，进而失去稳定而产生崩塌。这是由于暴雨或者大雪融化而所产生的一种比较特殊的灾害，这种灾害浅谈岩土工程地质灾害防治技术及预控

一般发生在山沟或者山坡上，泥石流一般会携带较多的泥沙和石块等相关物质，导致出现泥石流的原因主要是源于人们不合理的开挖和建筑垃圾的倾倒以及对树林的乱砍滥伐而导致的，泥石流的危害性比较大，严重情况下会让房屋受到损坏，而目前随着人们的工程不断地扩大，滑坡已经成为人们生命财产受到威胁的一个非常重要因素，可以认为地质

灾害与往常相比，已经在人们生活中存在更多的安全隐患和生命财产的威胁。

二、岩土工程地质灾害防控原则

首先，对灾害的治理需要能够将保护环境和追求生态平衡作为基本准则，要能够密切了解当地的发展规划，真正满足拆后重建与复耕等各方面的要求，需要给予精心的布置与设计，让工程技术措施能够稳健牢固，尤其要与当地的实际地形进行相互结合，能够尽可能减少工程的费用，并且让治理工程能够具备安全可靠，将灾害彻底的给予根治，避免留下一些隐患，所以在进行治理工程的时候，首先需要能够对灾害体稳定性影响较大的因素进行更具针对性的防治；其次相关防治工程措施需要能将灾后的重新建设规划以及相关场地的利用相互结合起来，防治工程措施首先需要能够考虑场地所使用的特殊条件，其次就是灾害体的变形主要受到很多不同因素的影响，灾害体的形成与发展会受到不同因素的制约，其中主要包括有物质的组成、周围地形的环境条件以及人类的活动等各方面，甚至有可能会突然产生地震和降水等各方面因素。其中有一些因素是通过人力仍难以改变的，但也还有一些因素是人类完全可进行防控的，尤其是由于人类自身工程活动所导致的灾害，则是完全可以进行公务控制与规划的，以及施工能够尽量抑制一些不利因素的全面发展，同时将一些有利因素能够发展出来，真正地达到可防可控，达到防治灾害这样的目的，从而使地质灾害的隐患能够彻底消除。地质灾害的治理工程需要严格按照灾害的类型、规模与地质结构、变形特征以及稳定性危害性等各方面因素，并且与地质灾害区域工程地质的条件以及危害的对象等各方面结合起来，要能够让地质灾害的防治技术真正落到实处，同时还需要满足更加经济、合理且便捷的施工原则，采用不同措施来进行防治，尽量能够将地质灾害进行根治，从而使安全隐患得以消除。

三、岩土工程地质灾害的防控策略

灾害的预警避险。一些人口相对比较密集的城镇区域上游，很容易会出现滑坡现象和崩塌等各方面的地质灾害，且这是较为常见的现象，尤其是一些相对比较特殊的地区。比如高山峡谷等。这些区域必须能够有效地提升在地质灾害检测方面的频率和密度。尽量提升预警信息的传播手段，使得地质灾害的相关预警信息可以准时发布，同时还需要尽量增加在灾害区域当中的一些公众防灾抗灾的意识。让群众相互之间也可以互帮互助，从而减轻损失。在进行岩土施工的过程当中，一些必要措施可以有效地让地质灾害发生的可能性有所降低，比如在一些降雨量相对比较大的时候，地质灾害范围当中的群众可以就近转移对灾害相对较为严重的地区。群众可以实施有效的避让和搬迁，使用避让措施能够将地质灾害可能造成的人民财产损失尽量降到最低。

地质灾害监测警报。监测主要指的就是对地质灾害容易发生的地区进行地质环境变化的监测，而且对周围环境所产生的变化也要进行比较全面地分析，尽量了解会使得灾害发生的一些具体的隐患，可以构建一个更加完整的灾害报警系统，根据监测结果来发出可以预防灾害的信号。对监测警报来说，无论是技术还是行政方面的要求相对都较为严格，并且警报的系统也会更加有效地支撑之后的防治工作。

地质灾害生物防治。使用生物防治的办法相对较为科学，其中包括对动物的养殖，以及种植树木。在岩土工程进行地质灾害防治的过程当中，可以按照当地比较特殊的地质情况，使用更加符合当地需求的防治手段来进行自然环境的改善，通过养殖动物和植树造林等各方面的防治方法来维持生态的平衡，这样不仅可以在一定程度上让地质灾害的发生可能性逐渐减少，起到有效的防治作用，而且也可以做到成本的节约，使得防治效率获得全面提升。

地质灾害预警系统。地质灾害的监测和预警需要单独按照地质部门的相关工作来进行，需要社会当中的各个力量共同来完成这方面的系统建设，要能够建立更加全面的地质灾害监测预警系统，尤其是在地质灾害能够频频发生的地区，更需要做到提升社会防灾以及抗灾宣传的教育意识，同时也需要对地质灾害的一些先兆识别与预防以及逃生等各方面知识予以普及，使群众的防灾意识能够获得全面提升，还可以结合媒体和科研部门等各方面的社会力量，建立地质灾害的信息互助平台，对群众所上报的一些地质灾害的信息都需要进行及时响应，要快速地对相关信息核实及时进行预警，尽量扩大灾害的监测以及预警信息的覆盖范围，尽量减少灾害有可能会造成的损失和人员的伤亡情况。

动态监测。动态监测对灾害的评价是非常重要的，目前一般使用数值计算的方法来评价滑坡坍塌是否稳定，这种方法所得到的结果一般会存在一定的误差，因而必须使用变形监测才能够清楚了解到计算结果是否能够保持正确。为了做出相对科学的评价，能够在一定程度上提高地质灾害的动态监测工作力度。

地质灾害新技术。在进行岩土工程活动的过程当中，对新技术的探索是不可缺少的，要尽量地控制灾害，将地质灾害的影响控制在一个最小的范围之内，使用新工艺对工程地基进行不断地加固，利用不同形式的板装墙以及挡土墙来进行深基坑的开挖，从而使岩土工程地质灾害获得全面减少。

综上所述，在进行岩土工程地质灾害防治的过程当中，要能够尽量结合当地的实际情况，了解施工过程当中有可能会产生的地质灾害，并使用科学先进的解决方法来进行防控和治理工作。目前我国施工技术正在不断地提高，而防治地质灾害也产生了很多新的方法，相关工作人员必须做到不断地探索，使用更加有效的办法，来给予地质灾害所造成的影响减到最低，进一步促进岩土工程能够获得全面提升。

第五节　地质灾害详细调查工作的探讨

本节针对导致地质灾害发生的影响因素进行分析，包括地形因素、地质因素、气象因素、水文因素、人为因素等，通过研究野外资料的收集、做好协商沟通工作、获取时空数据、进行可视化表达、做好监督管理工作、原始资料的妥善交接等地质灾害详细调查内容，目的在于提升人们对地质灾害调查工作的重视程度，提前做好预防措施，以减少地质灾害带来的经济损失。

地质灾害在正式爆发之前都会显露出一些征兆，通过做好前期的地质灾害调查工作，可以及时采取一些应对措施，从而起到减少社会经济损失，确保人们生命财产安全。

一、导致地质灾害发生的影响因素

地形因素。很多地质灾害的发生与所处区域的地形条件有直接联系。我国领域面积广阔，但是地形却呈现出不规律分布的趋势，例如我国东部地区，虽然是以平原地形为主，但其中也穿插着丘陵、山区等地形，在自然灾害中，有时会发生一些地面沉降的灾害性问题，而西部地区的整体地势偏高，山体众多，在此类地形条件下，非常容易发生的地质灾害有山体滑坡、泥石流等，尤其是在地形过渡的区域，由于板块活动比较活跃，非常容易发生地质灾害，给社会带来较为严重的负面影响。

地质因素。在地质灾害的发生诱因中，地质因素也属于重要的影响因素之一。地质结构是由地壳活动形成，在长期的地质演变过程中，地质结构会出现多种类型的表现形式。就其形成结构来看，可以将其分为泥岩、石灰岩、花岗岩等，而从其形成的角度来划分，可以将其分为沉积岩、变质岩等。地质结构越复杂的区域，其岩石结构的韧性也更弱，在遇到外部应力时，很容易出现结构瓦解的情况，如泥石流灾害频发的区域，其地质结构松散度较高，在遇到较大外部应力时，便会发生改变，从而形成此类型的地质灾害。

气象因素。很多地质灾害的发生，都是以气候条件为导火索，气象因素也是导致地质灾害发生的重要因素之一。我国地域面积广阔，区域都有较为明显的气象特征，如部分地区属于温带大陆性气候，此类气候的典型特征便是夏季高温多雨、冬季寒冷干燥，所以在夏季多雨的时间段内，也是地质灾害发生率最高的阶段。例如，南方很多城市的年降水量非常充沛，同时部分区域属于山区，在遭遇连续降雨天气时，泥石流和山体滑坡的发生概率相对较高。

水文因素。在水文因素中，其主要是指地下水相关的参数指标，如地下水水位、地下水所在位置、地下水层岩性、地下水存储量等。此类因素与地质灾害的形成存在着相互作用，地下水作为水循环体系中的重要组成，与地表水资源保持着相互关联的状态，在遇到一些强降雨天气时，由于岩层渗水速度小于降雨速度，此时便会导致地表水水位上涨，若一直处于该状态，那么在水位突破临界点之后，便会发生洪水灾害。

人为因素。除了上面描述的自然影响因素外，人为因素也成为现阶段导致地质灾害发生的重要诱因，该因素的主要体现形式为区域建筑工程的修建，以水利工程为例，该工程修建的主要目的是对水资源进行重新规划，以提高水资源的利用效率，但是对其进行设计时，容易忽略工程的抗洪等级，面对常规降雨天气时，水利工程可以满足水资源的合理调度工作，但是在遇到一些恶劣天气时，水利工程本身的抗洪能力无法满足实际应用需求，从而导致地质灾害的发生。

二、地质灾害详细调查工作的具体内容

野外资料的收集。收集野外资料信息时需要进行宏观微观的综合考量，组织项目调查小组成员对灾害的特征、形成、参数等具体机制进行集体讨论，形成统一共识后再进行调查问卷的分工。根据表格进行数据收集，保证数据的准确性，确定平面度与表格间的合理逻辑关系。表格填写完成后进行互相检查，对于异样部分经讨论再统一修改，随后进行下一个任务点的调查，但是在实施具体项目中可能受到时间、任务量等因素的限制，导致调查表填写并不全面细致，此时需要合理控制项目的时间点。

做好协商沟通工作。进行地质灾害详细调查工作前，不仅要组织相关部门参与到地质防灾中，还要引导社会公众共同参与到此工作中。应当重视对地质灾害详细调查的重要性，重视宣传的力度，在宣传其危害的同时为公众普及相关参与知识、防范知识等，鼓励其积极参与到信息调查、灾害防治的工作中，与此同时，要与政府相关部门进行积极的协商与沟通，获取政府部门的大力支持。

获取时空数据。开展地质灾害工作时，可以借助一些先进的勘察技术，如全球定位技术、传感技术、地理信息技术等，以此来获取比较完善的时空数据信息，从而提升调研结果的及时性，并且在对数据信息进行处理时，可以借助云计算技术、专家系统、三维模拟技术等先进技术，对数据信息进行三维模型展示，同时可以模拟一些恶劣天气的应用数据，得出在该状态下，区域地质变动情况，从而得出更加直观的时空数据，以时空数据为基础展开信息挖掘工作，提升数据分析结果的有效性。

进行可视化表达。在科学技术体系不断完善的背景下，3S 技术得到了非常好的发展，该技术是融合全球定位系统、传感技术和地理信息技术的应用方法。该技术的应用可以有效提升图像的可视化特征，在具体应用过程中，技术人员可以借助全球定位技术对目标数据信息进行精准采集，而传感技术可以将采集到的数据信息进行实时传输，最后由地理信息技术进行高程模型构建，搭配三维成像技术，等比例展示出目前该区域的地质结构情况。结合以往的地质灾害分析数据，来对未来发展趋势进行科学性预估，从而提升调研数据的应用价值。

做好监督管理工作。在具体应用中，部门应构建监督管理体系，体系中明确标注每个应用环节的主要内容，同时对数据分析结果的单位进行统一，便于后续数据分析过程的顺利进行，并且在监督管理的过程中，需要对每一次监督管理做好记录，标注需要改进的相关内容，在下次监督管理中对其进行重点监管，使地质灾害数据分析过程可以保持持续改进的状态，从而提升地质灾害数据分析结果的应用价值。

原始资料的妥善交接。在完成数据分析任务之后，需要做好原始资料的交接工作。很多数据信息采集工作量巨大，需要较长的时间成本来完成。同时，此类资料在完成该项目应用之后，也可以为其他项目的执行提供数据参考，减少实际的工作总量。在实际应用中，对于原始资料需要做好材料分类处理工作，并按照相关规定进行数据交接，将其进行妥善保存，使其在其他项目中可以发挥出既定的应用价值。

综上所述，随着可利用土地资源总量的减少，居民的区域密集度也在提升，在自然条件和人为因素的影响下，有时会爆发一些地质灾害，给社会造成严重的负面影响。为了降低地质灾害所造成的负面影响，相关部门需要对地质灾害工作给予足够的重视，根据采集到的相关数据信息，分析区域潜在的灾害风险，提前制定相应的防治措施，对提升区域生活环境安全性有着积极的意义。

第六节　地质灾害风险评价的理论与方法

虽然我国经济总量处于世界第二，但地质灾害风险评价却没有达到成熟稳定的发展。在资源管理的世界里，地质灾害风险评价的方法随时代背景而变化，其发展方法可分为定性评价，半定量评价及定量评价。我们都知道，在经济建设发展的推动下，地质灾害风险评价已成为了社会的关注对象，因此，本节笔者通过结合自身的研究和实际工作经验的途径，先对地质灾害风险的定义及特征进行了分析，并在此基础上，提出了地质灾害风险评价的方法。

在目前，我国已出现了不少对地质灾害评价的方法。地质灾害风险的评价正在逐渐被利用于国土资源规划，这说明其在人类生活中占据着重要的位置，并且由于地质灾害评价的应用前景良好，在其发展上也开始走向稳定成熟阶段。

一、地质灾害风险定义及其主要特征

由于人们思考态度方面的不同，从而对地质灾害的解释也不同。一方面，通过网上的名词解释可将地质灾害风险定义为"面临的伤害和损失的可能性"通俗点说，就是指人们在日常生活中因为一些自然灾害及人为事故所导致的人身利润损失，而在联合国教科文组织方面，他们则将地质灾害归结于由于某种特定的自然灾害对经济及社会人口造成的损失。

另一方面，从自然灾害风险的意义角度上考虑，地质灾害反映的是破坏损失程度。不难得出，地质灾害的定义不计其数，但无论怎样对地质进行定义，它都分为了自然灾害风险及人为灾害风险。其主要特点如下：

首先，地质灾害风险具有普遍及必然性。地质灾害风险评价作为一种新兴的产业形态，在受到人类及地质的破坏之下，其灾害的问题不断涌现。人类的破坏及地表活动发生的频率在一定程度上垄断了地质灾害风险评价新兴产业的发展。

其次，地质灾害风险还具有不确定性及随机性。不确定性是指在某一灾害发生时，不能对其伤害规模及人员死亡及损失进行预测，毕竟，地质灾害发生的情况是充满随机性的，人们也只能通过机器的检验及减少对资源的破坏来降低灾害的发生频率。

地质灾害风险特征起源于人们的生产活动，是地质灾害风险评价的重要手段。在现代发展的领域中，由于存在一些不确定的因素及地质灾害风险的复杂性，对地质灾害风险的认识仍需进行探讨及分析。

第三，地质灾害风险构成与基本要素。这里所说的地质灾害分险程度也称地质灾害分险的构成。通常情况来说，地质灾害的活动条件主要包括地质、地貌、气象及人为地质动力活动。以四川省份为例，四川作为泥石流及地震的多发地带，首先它主要受到了阵雨气象条件因素的影响，因为每年的阵雨量高于50%，雨季的绵延不断软化了泥土从而诱发了泥石流情况的发生；其次从地貌条件来看，盆地居多且高低悬殊，从而提高了地址灾害的风险程度。从所举例子可发现，地质灾害的发生与以地质灾害的动力条件存有内在钩稽关系，地质灾害活动的动力条件越充分，其对地质灾害的风险越高，其破坏程度越强。具体地说，由于中国是世界人口第一大国，随着人口密度越大，生态问题也随之爆发而出，人口密度与财产关系越加密切则意味着灾后的可恢复性能力越弱。危险性及易损性它们共同决定着地质灾害的风险程度，缺一不可。

二、地质灾害的主要评价方法、内容及目的

成因机理分析评价。成因机理分析评价是对地质灾害发生的原因进行分类研究的载体。按地质灾害发生的可能性及活动规律对历史地质灾害的造成因素进行分析，从而提供各种地质灾害的信息，因此，为了深入地了解成因方面的规律，还有必要根据地质灾害活动建立相应的模式及模型。

统计分析评价。统计分析评价是用来反映国土资源部门在一定时期内所获取影响因素的整合。其主要包括：历史地质灾害的原因分析、地质灾害的密度分析以及地质灾害活动的规模的分析。该评价方法的主要目的是在地质灾害发生时对其所采用的模型进行评价，通过模型对比分析反映地质灾害所需要的要求。

危险性评价。危险性评价是指对地质灾害发生的每一阶段，只在以往及将来中加以概率分析的研究方法。对于任何一次危险性评价的使用，都必然涉及对地质灾害大小、密度、

频次的分析，都要以科学严谨的态度进行客观评价。了解由于地形地貌、水文条件、气候条件及植被条件对地质所带来的影响至关重要。

破坏损失评价。破坏损失评价是根据损失程度及期望损失程度钩稽而成的方法。本评价主要分析了综合地质灾害的概率、危害强度和受灾体损失，在不同损失程度下，各级国土资源部门的分析内容及其评价也不尽相同。

风险性评价。所谓风险性评价，是指在不同条件下的地质灾害会给社会及环境带来各种危害，再对其危害程度进行评价分析。它的内容不仅包括了对危险性的评价，还包括了对易损性的评价。在危害程度层面上简要地说，风险性评价更多依靠于对地质灾害发生概率及影响的分析。

防治工程效益评价。从目前来看，防治工程效益评价正是因为满足了人们的需求，才成为评价后选定的防治措施效果，在实际过程中屡见不鲜。防治工程效益评价的根本目的是在符合经济合理科学的情况下，对地质灾害的防治措施效果进行评价，但是出于对效益方面的考虑，应当优化分析多种防治方案并存的项目，并且在技术可行的基础上，使地质灾害风险评价的研究达到最优化。

三、地质灾害风险评价实施过程以及其评价方法的发展趋势分析

（一）实施过程分析

地质灾害风险评价实施主要分为以下五个过程：

（1）制定风险评价模型。风险评价模型作为实施过程的首要环节，不仅要按照规定程序采用分险分区的原则，还要建立相关的指标体系，不可简化而行。

（2）编制分险数据统计图。数据统计图便于计算每一地质灾害的发生频率，有利于了解有关风险的全貌，但是由于它的内容比较广泛，施工人员则还要对各种基础图件进行编制工作来防止数据的重记或漏记。

（3）分析其危险性、易损性。采用有机结合的方式，对危险性、易损性的构成和防治能力进行研究，依据各项研究的变化情况，及时做出对期望损失的处理。

（4）综合分险的评估。这里所说的综合分险，是指在灾害的发生下，通过对风险分部分特点进行分析，从而披露出的所有问题，其主要包括人口伤亡问题、社会经济损失问题以及环境资源破坏问题。

（5）提出建议及对策。对调查数据进行风险调整且不切实可行，应当提出减少地质灾害的措施及方案。

（二）发展趋势

地质灾害风险评价研究是国土资源部门用来全面记录地质隐患的方法，做好这项工作，对于加强资源管理具有十分重要的意义。人类社会与地质灾害活动存有内在的逻辑关系并

且由于当前经济发展的效益不同，地质灾害的发展趋势主要从评价上向定量综合及管理空间化的方向拓展。因此，笔者将其发展的表现做了如下归纳：预测与研究相结合的方式替代了过去的发展历史与现状的分析；从单独个体分析向个体与区域研究相结合分析的跨越；在技术结合方面来看，以往单纯的风险评价理论转变为了风险评价与减灾管理相结合的分析方式；借助发展的新工具，更高效地使用了定量分析及综合要素评价，总之，地质灾害风险评价的发展经历了一个由简单到复杂且不断完善的过程。

为了便于国土资源部门对地质灾害的风险进行评价，可将地质灾害的产生原因分为人为及自然两个方面。在人为方面上，国土资源部门很少会将人口的密度考虑进去，进而导致了人类对资源的不合理利用；而在自然层面上它主要受到了地质条件及暴雨气象的影响。直观地说，只有让我们了解到地质灾害产生的原因，加强对地质灾害分险评价的分析，才可避免其所带来的损失。

第七节　地质灾害应急演练的基本问题

本节以分析地质灾害应急演练的基本问题为主要内容进行阐述，结合当下地质灾害介绍和地质灾害防治对策为主要依据，从地质灾害概念、演练类型介绍、提升调查区建设工作能力、构建地质灾害报警机制、科学安排落实责任、完善地质灾害应急处理方案这几方面进行探讨和分析，其目的在于加强地质灾害应急演练效果，旨在为相关研究及实战提供借鉴和参考。

近几年国内经济迅速发展，人类工程活动日渐增多，从而对地质环境造成了不可忽视的影响，暴风雨等极端天气频繁出现，泥石流、崩塌等各种地质灾害逐渐频发，对人民群众的生命和财产安全具有严重威胁，给当地居民的生活带来非常严重的影响。做好地质灾害防治工作，提升基层灾害防治能力，提高职能部门应急处理水平，是预防地质灾害带来各种损失及保障人民安全的有效措施。

一、地质灾害介绍

地质灾害概念。近年来，因为全球气候逐渐变暖，对我国自然灾害的频繁产生起到了催化作用，其中地质灾害是最具破坏性和突发性的。由于地质构造运动以及人类活动不断增多，引发一系列地质灾害使得周围环境恶化。地质灾害自身具备较大的破坏性，因此在面对地质灾害防治工作时，一定要强化检测预警能力，最大限度地避免地质灾害带来的危害。

演练类型介绍：

（1）模拟演练。模拟演练通常是依据一次或者一种类型的地质灾害事件对条件、特点以及对象进行明确，采取的形式通常都是以研讨会以及桌面推演形式进行的，属于一种智能化模拟训练形式。参演人员可以分为不同形式进行，以小组形式完成演练任务，对出现的各类问题以及方案进行预测和分析，并不需要快速及时地做出决策，要灵活使用时间、经费以及任务，借助地图、流程图以及信息技术等对地质条件和信息进行全面提取和分析，对整个过程进行合理描述和分析，依据应急预案以及实际工作流程，对事件进行假定和分析，从而可以形成良好的情景演练内容，对处理环节以及内容进行推演和分析，使得人员能够掌握基本职责和义务，强化整个部门的决策能力。

（2）实战演练形式。就是对可能出现的所有突发事件进行提前演练，结合发展具体情况，将实际决策和行动等加入到实际操作中，对应急响应过程进行充分处理练习，从应用上提升工作人员指挥能力，使得相关部门之间能够形成机动联席机制。实战演练一般是在固定场所或路线内完成所有任务，确保整个过程保持演练情况，将其中存在的各种干扰现象全部清除干净。实战演练工作正式开始后，人员应具备纪律性，结合现场各种突发事件做出调整，结合自身实际情况做出合理化的调节和分析。

（3）专项演练工作。主要是对应急预案中各种特定内容进行处理，对现场中存在和出现的各种应急事件进行调节，专项演练要在一个以及几个固定步骤内进行检验工作，还可以对地质灾害条件以及现场进行模拟，建立检测预警以及规避风险机制，针对特定条件对地质灾害进行调整和分析，做好应急处理工作，例如：研究性演练主要是对现场出现的各种事件进行综合分析，针对整个过程中出现的各种问题进行处理和解决，对新方案以及技术进行综合分析，个人结合应急响应对策进行综合分析，在规定范围内完成所有工作，并在不同步骤和环节中完成互动工作，提升人员应急能力。

（4）综合演练。综合演练主要是针对评价管理、技术以及自救综合能力提升工作，包含应急预案中不同演练工作内容。综合演练工作注重不同环节互动式交流，尤其是不同结构以及层次间的应对能力，综合演练主要是应急响应整个过程，包含的信息整合和分析，对场景进行分析，对地质风险以及会商进行决策等。

二、地质灾害防治对策

提升调查区建设工作能力。首先对地质界线周围环境进行预测和分析，对区域范围内可能存在的所有地质灾害隐患进行综合调查和分析；其次对地质灾害可能出现的危害大小进行判别，并且做好灾害预防工作，对地质灾害产生影响的范围进行确定；最后要融合地质灾害点实际情况和环境条件，制定合理化防止对策和方案，使得人员能够快速撤离威胁地区，对应急避难场所进行综合处理，并且和应急管理部门有效合作，结合地区具体情况制定长期预防机制和对策。

构建地质灾害报警机制。为使我国地质灾害防治工作良好有序开展，对未来发展趋势做出更准确和规范的评价，需要结合地区实际情况指定规范化报警机制，一旦监测到地质灾害就要迅速做出响应和预警。在地质灾害报警系统建设工作中，最主要的内容就是从预警技术以及管理工作上做分析，使用高新技术对地区可能出现的灾害进行全面预测和分析，将收集到的所有地质灾害预警数据输送到地质灾害管理部门中，并结合数据真实情况和内容做出适当预警机制，只有这样才能够使地质灾害得到有效防治，还能够避免工作人员在整个过程中受到不必要伤害，在实际工作中采取合理化预防机制进行工作，防止在地质灾害发生过程中出现人员伤亡，从而最大限度减少财产经济损失。

政府科学安排落实责任。应将各种人力、物资资源整合起来，将环境保护、应急管理、民政、财政、农业以及气象等部门有效协调，从组织上做好地质灾害防治工作。地方政府应积极做好地质灾害防治管理工作，相关部门要承担基本任务和分工，从各个领导层面和部门做好工作，使得不同部门能够在实际工作中明确自身义务和职责，共同努力做好地质灾害防治工作。

完善地质灾害应急处理方案。为防止并减少地质灾害带来的危害，要结合经济类型做出工作调整，结合具体情况做好地质灾害应急处理对策和方案，应急处理对策主要是：针对当地实际情况做好应急处理技术工作，构建一个科学、规范、安全的网络化地质灾害管理平台，还要引进和融入各种地质灾害监测设备，利用地区经济、地质条件，及时更新地质灾害防治技术和信息。

综上所述，从系统上进行安排，政府统一安排和指导，将科技和社区融合起来，对地质灾害防治工作进行综合研究，做好预警规避工作，使其在不同部门和领域内收到实效。在地质灾害风险预测工作中，要针对实际情况具体分析和研究，为演练工作的圆满完成做好充足准备，特别是实战演练工作，进行实战以及理论研究，从而可以不断完善演练对策和方法，促进演练工作的顺利开展。

第八节　地质灾害危险性评估方法

地质灾害具有非常大的破坏性，因此，加强地质灾害调查研究，掌握地质灾害发生规律，开展地质灾害危险性评估工作，预测地质灾害点的危害性，对指导地质灾害防治工作顺利开展，降低地质灾害带来的不利影响具有非常重要的现实意义。本节结合实践，对地质灾害危险性评估的方法展开探讨与分析，旨在为相关工作的开展提供一定的参考作用。

通过地质灾害危险性评估工作，能够更好地掌握地质灾害的发生规律，进而采取有效的措施进行预防，能够最大程度的降低和避免地质灾害带来的危害，减少经济损失与人员伤亡，特别是一些滑坡、崩塌、泥石流灾害，危害性极大，因此，应当对这些地质灾害加强研究，运用科学合理的手段对其危害性进行详细评估，做好防灾减灾工作。

一、地质灾害评估工作内容

针对地质灾害评估工作而言，主要是指对工程项目规划建设过程中进行现场勘探并进行初步分析，了解和掌握地质环境基本特征等，依照分析结果，科学评估建设施工地质灾害问题及划分地质灾害等级，规范书写评估内容。

并及时开展地质灾害调查，根据评估大纲，对地质灾害的类型与其有关的评价要素等进行选取，与实际情况充分结合开展详细的预测与综合评估，并针对性地采取有效预防对策，归纳总结，并以报告形式或者书面说明书进行提交反馈。目前地质灾害评估方法主要有发生概率及发展速率的确定方法，危害范围及危害强度分区，区域危险性区划等。

二、常见的地质工程灾害类型及其成因

滑坡。滑坡主要指的是山体滑坡，是由于山体一侧斜坡位置上的岩石以及土体由于压力因素影响以及外力冲击作用，致使斜坡上的土质发生松动并在诱发因素下形成的持续性下滑特征的地质灾害问题。发生山体滑坡，其造成的危害性非常严重，特别是处于山坡下的人民群众，由于滑坡灾害的发生，对他们的生命财产安全威胁极大。其成因很多都是由于地震或者持续性的大范围降雨天气，不合理开采山体底部引发水土流失所导致，滑坡灾害尤其在较大高差区域发生率更高，所以在这些区域开展工作时，应当采取有效措施对山体滑坡地质灾害加强防治，进而施工工作的安全开展。

崩塌。对于崩塌地质灾害来说，主要是因山体以及岩体下侧太过空虚或者斜坡上侧存在的岩体极不稳定，下侧难以对岩体起到支撑作用。在上侧压力作用下，而引发的地质灾害现象，这种地质灾害的发生和人为因素有着密切的联系了，特别是不合理开采，过分的开发山体底部，不合理的堆砌等因素极易导致崩塌灾害的发生。如果崩塌灾害发生较为严重，对工程施工是极为不利的，更甚者威胁到工作人员的生命财产安全，造成巨大损失。

泥石流。如果山坡上不存在大量的石块和沙土等颗粒物，再遇有强降雨天气发生时或者山上大面积冰雪融水流入沟谷，冲刷这些颗粒物而形成石块与泥沙混合的颗粒流，便是泥石流灾害，而这种灾害的发生与人为因素存在密切的联系。

如开凿山体过程中所使用的挖掘方式不合理，开挖后的山体岩土与废石随意地进行堆放，对于树木乱砍滥伐，上坡开垦土地，对山体稳固性造成很大影响，在遇有降雨天气时，便极易引发生泥石流灾害，这一灾害对下游生活的人们危害性极大，常常造成大量的人员伤亡与财产损失。

地面变形。这种地质灾害在很多岩土工程中均能见到，这种地质灾害包括地面裂隙以及沉降和塌陷等，导致这些地质灾害发生的主要因素，与过度开发地下资源有着密切联系。尤其是过度开发地下水资源，是引发这些地质灾害的主要因素。

　　所以，为了确保岩土工程建设安全，在具体进行施工之前，必须要详细地做好相应勘查工作，根据具体实际，通过有效的防治手段进行防治，这样才能更好地控制此类地质灾害的发生，保障施工安全。

三、与地质灾害评估相关的工程地质问题

　　（1）项目规划前需要进行的工程地质问题评估工作。项目施工合同尚未正式签订之前，应当加强前期评估工作，掌握地质灾害情况。对于项目区域与其周边相关的地质问题充分了解，评估过程中还需要对工程项目自身基础信息加强评估，如工程建设的规模以及面积大小，项目本身存在的一些实际问题和具体使用等各项信息，在这些信息的参考下，科学合理地选择高程。

　　地质灾害评估过程中，应当针对时间以及级别进行有效的预算工作，因此，在评估工程地质灾害过程中，需要充分考虑工程施工的特殊要求，同时对其评估范围认真遵循并结合过去的评估实践，利用科学的方法，对工程项目分布区域地质水文以及环境等各种情况行详细调查，特别要详细调查研究。施工过程中大的地质影响因素，有问题存在时，应当利用有效措施加强防治。

　　（2）工程项目实施时，评估现场的工程地质问题。工程项目实施之前已经进行相关基础资料的收集，详细调查了项目区域地质及环境灾害发生情况，在这些资料信息调查的基础上，开展针对性地摸底调查，对项目区域周围的环境条件进行详细评估，充分掌握工程自身基础信息。

　　工程建设正式开展时，科学合理的评估地质灾害的危险性，依照有关标准与规范要求，对工程施工区域的详细地形地貌特征及地质信息精准掌握，了解其变化特点与规律，针对一些潜在的地质灾害，进行相应预警机制的建设。

　　结合工程项目基础资料与相关的评估方法和规范，针对频繁出现地质灾害的工程问题，提出针对性的建议，同时还必须要通过有效措施进行科学防治，如评价工程项目中的灾害类型，对其进行定性分析，明确其范围，整体性的进行思考，全面的评估相关内容，并掌握其变化规律与特点。

　　（3）综合现状及预测采取防治措施期评估的施工项目的地质问题。将理论和工程项目具体实际充分结合，对建设项目的现场的实际情况进行定性与定量分析，对工程地质灾害有关要素科学的开展评价，有效划分一些潜在的具有较危险系数难以防御的工程地质问题，精准地判断施工项目施工项目区域地质灾害，并充分考虑防治措施可行性，科学合理地制定有效的应对方案。

　　地质灾害的发生对工程建设影响极大，是影响工程建设及其质量的最主要因素，为了更好地防治地质灾害，必须要加强施工区域勘探工作，有效预测工程建设区域的各种地质灾害类型，以此为前提，研究有效的防治方案，同时将截断排水以及科学避让与地质灾害

近侧预警体系充分利用，结合工程防治与生物防治等措施利用，进一步强化地质灾害的动态监测等，通过各种有效的技术措施，防治地质灾害的发生，控制和降低工程风险，确保人民生命财产安全，但必须要重视地质灾害的工程防治质量，规避自然灾害之外的其他问题发生。

第七章　地质灾害预测与防治

第一节　地质灾害的应急与管理

城市人口高度密集，建筑物鳞次栉比，商业、厂矿企业、文化教育设施密布，保障城市功能的各种生命线工程和基础设施极其庞大而且错综复杂。这些特征正是城市防灾能力脆弱面之所在，特别是随着城市化进程加快，原有城市的规模迅速扩大，新兴城镇大量涌现，在全社会居安思危的忧患意识和防灾减灾意识还普遍比较薄弱的情况下，一旦遭受自然灾害的袭击就会造成严重后果。城市灾害越来越成为严峻的话题，自然灾害损失中城市灾害达到 70%，因此只有全面关注城市灾害及其在减灾中的地位和作用，才有希望走向未来并创造城市安全"时空"，从而提高城市防灾抗灾能力，保障人居环境的安全已成为当今减灾的重点和关键。

地质灾害（以崩塌、滑坡、泥石流为主）具有突发性强、破坏力大、分布面积广等特点。每年都要造成严重的经济损失和重大人员伤亡，其灾情十分严峻。地质灾害也严重威胁城市安全，全国受崩、滑、流地质灾害严重侵扰的城市有 59 座，县城以下的城镇数百座。由于地质灾害形成环境和成灾机理的复杂性，许多理论、技术、方法仍处于探索阶段。目前只能对少数地质灾害做出成功地短期预报和预警，因此，及时、有效地做好地质灾害应急工作，对减轻地质灾害有着极其重要的作用。国内外很多灾害实例从正反两个方面说明，灾后及时地采取应急抢险救援措施，可以有效地减少人员伤亡，取得十分显著的减灾实效；反之，应急救灾工作的混乱和无序，必然导致灾害的蔓延扩大，因此，加快构建城市突发性地质灾害应急管理机制，是当前新形势下防灾减灾工作必须解决的一项重大课题。它对于提升防灾减灾工作的整体能力，更好地保护人民生命财产安全与社会稳定有重要意义。

一、工作进展和存在的问题

地质灾害应急行动要突出"快、准"的特点。"快"是指地质灾害应急体系的应急反应速度、快速出动能力、现场反馈能力十分迅捷；"准"是指在全方位现场监控的前提下，通过决策分析等使得其行动准确，救灾措施得力，救灾部署到位。在这方面地震灾害的应急系统和措施经历了实战而日益成熟和完善，为地质灾害应急预案制定和实施提供了重要的参考。例如 1995 实施了《破坏性地震应急条例》以来，已有 23 个省、15 个省会城市、20 多个有关部委制定了地震应急预案，地震应急工作开始走上法制化轨道，特别是依据《破坏性地震应急条例》的规定，还制定并发布实施了《国内破坏性地震应急预案》。新的国家预案较好地体现了地震应急工作的内在规律和各项应急工作原则，明确了根据破坏性地震的不同等级采取的相应应急措施，增强了可操作性。在现场强余震监视和震情分析会商、震害损失调查和快速评估、应急通信保障、应急行动方案实施等方面达到一个新水平。同时城市地震应急能力的提高和应急救援措施与预案也得到高度关注。欧、美、日本等发达国家历来高度重视灾害的应急工作，形成了符合本国国情的灾害应急响应机制与救灾救援体系。例如美国已建立一套相当完善的应急体系，值得我们借鉴。目前美国联邦应急管理署集成的应急救灾体系是一套综合的防灾、救灾、指挥、调度系统，包括了应急指挥系统、民间社区灾难联防体系、行政资源系统、灾民安置系统和信息指挥系统，在灾害应急行动和减灾上发挥着巨大的作用。

美国联邦政府于 1987 年通过的《对灾害性地震的反应计划》，在 1994 年的洛杉矶大地震后发挥了重要作用，突出显示了美国政府紧急救灾的整体功能。日本现今的防震减灾与地震应急能力是国际上最先进的国家之一，建立了严密的监测网络和预警体系，加强了防震救灾技术装备的研发，重视全民防震知识的教育普及和避险自救互救技能的训练，提高应急水平和处置危机的能力；并努力健全防震减灾的法规，但是 1995 年日本的阪神大地震在应急救灾方面暴露了许多不足。例如震后政府反应迟缓，缺乏迅速集中掌握灾情的信息传达系统，没有灾情快速评估系统，中央政府对救灾行动支援和协调不力，这些经验和教训都给我们带来了启示。

鉴于我国地质灾害的严重性，2003 年国务院第 172 号令发布实施了《地质灾害防治条例》。该条例的第二十六条针对突发性地质灾害提出了应急预案，主要包括：①应急机构和有关部门的职责分工；②抢险救援人员的组织和应急、救助装备、资金、物资的准备；③地质灾害的等级与影响分析准备；④地质灾害调查、报告和处理程序；⑤发生地质灾害时的预警信号、应急通信保障；⑥人员财产撤离、转移路线、医疗救治、疾病控制等应急行动方案。为了提高各级国土资源主管部门在汛期地质灾害防治方面的应急反应能力，资源部建立了全国汛期地质灾害防治应急指挥系统，并明确了应急指挥职责，使地质灾害应急工作开始有了制度保障。由资源部组织编写的我国地质灾害防治领域的中长期科技发展规划中提出了突发性地质灾害应急救灾减灾关键支撑技术的研究，此外，国家还将建立地质灾害预警预报及应急指挥系统。国外在地质灾害应急反应方面重点放在抗灾救助决策、社会团体投入救灾协调、向灾区提供技术支持。

尽管地质灾害应急工作得到政府的高度重视，并已经取得了较显著的成绩。但还远远不能满足当前汛期地质灾害应急减灾的需求。目前，我国地质灾害应急管理能力还比较薄弱，还存在一系列问题。例如，我国目前地质灾害应急救援的法律制度还不健全，救援资源利用率较低；专业队伍的装备整体水平较为落后，与应急救灾的实际需求相比，灾害救援工作还存在很大差距；地质灾害应急救灾技术研究还是空白；国家、省（区）都未建立地质灾害应急快速响应信息系统，也没有编制地质灾害应急预案；从"中国期刊全文数据库（CNKI）"及"中文科技期刊数据库（VIP）"检索表明：有关地质灾害应急减灾的研究成果极少，应急救灾关键技术有待于深入研究，以提高地质灾害应急减灾的科学水平。为此，本节从技术研究层面上探讨了城市突发性地质灾害应急系统的几个重要方面。

二、地质灾害应急系统探讨

城市灾害应急管理是庞大的技术—社会系统工程。城市灾害应急系统在空间上必须涵盖城市面临的灾害背景和自然与社会的致灾因子；在构成要素上必须涵盖从自然因子到社会因子、从制度设计到公众行为、从组织效能到过程能力等多种要素。城市灾害应急反应系统与从灾害孕育到发生的全过程以及防灾减灾中的"测、报、防、抗、救、援"各阶段密切相关，因此，客观上要求形成统一的城市灾害的应急管理系统。地质灾害除与地震同样具有突发性强、破坏力大共同特点外，在空间分布上，单体地质灾害分布范围相对较小，而区域性地质灾害分布零散、范围集中。地质灾害应急系统和预案制定可以借鉴地震应急的基本对策，还应该探讨具有地质灾害特点的应急反应系统；另一方面，城市系统属于高"分辨率"模型，以地质灾害为目标的应急管理，对于预警机制、快速评估、应急响应、信息发布、应急避难等应急管理都要求更全更系统。当前，我国已进入一个充满危机的风险社会，各种类型的危机随时可能发生，因此，我们应对危机的任务比任何时候都更为艰巨。在我国发生的 SARS 后采取的应急对策，给我们研究地质灾害应急处置能力和管理带来了宝贵的经验。

（一）监测预警系统

预防是解决突发事件的最好方法，危机管理的最终目的是避免危机发生，减轻危机后果。这就要求把监测预警放在首位，在危机发生前就采取措施，以防止危机爆发；在危机发生时从容应对，不致使危机发展为致命的灾难。在 SARS 危机事件中，制约我国做出应急反应的症结就是缺乏灵敏、高效的疾病监测体系。目前地质灾害监测预警遇到的主要难点是突发性地质灾害形成机理与预测预报理论研究难以突破，监测预报指标体系与判据还处于起步阶段，而且缺乏关键技术支持。解决这些问题应该将地质灾害预警建立在灾害的形成机理与发生条件的基础上，开发精度高、实时性强的监测预警仪器，将城市突发性地质灾害监测预警与应急防灾系统相结合，并建立城市数字减灾决策支持系统，为灾害预警与应急救援提供可靠的技术保障。借鉴其他危机事件管理的做法，应该尽快建立突发性地质灾害预警等级，即根据灾情发展的不同阶段和地质灾害发生的危险程度，像美国本土"反恐"那样，以红、橙、黄、蓝等不同颜色来实施地质灾害预警；或者像我国防治"非典"

而建立的一、二、三级疫情预警等级及三级响应机制那样，对社会发布地质灾害预警信息，并采取相对应的应急防范措施，这对于引起各级领导和人们的重视，提高政府和广大社会公众的危机应变处置能力，是非常必要和有益的。

（二）快速反应系统

地质灾害是不可避免的。而地质灾害一旦发生，时间因素极为重要。作为危机应对者的政府必须在第一时间在现场采取果断措施，及时控制灾区局势，迅速恢复社会秩序，这是政府应急管理快速反应机制的客观要求。快速响应系统目标是迅速有效的救援活动，迅速恢复社会秩序，防止灾情进一步扩大。为了保护人民的生命财产，政府有组织地进行应急抢险救援首当其冲，而有效抢救生命的最佳时间仅仅是灾害发生后的 72h 之内。如何在这有限的时间段内进行高效、有序的应急救援活动，并将灾害造成的损失减少到最低限度，这将取决于灾害发生后应急工作是否采取了最有效的救援措施。例如，地震应急期一般为10d 左右。10d 以后，灾区将转入恢复重建期。在这 10d 里，每天的应急工作是有所侧重的。应急工作的先后次序，完全根据救灾现场的需求安排。有人将地震应急期划分为特急期、突急期和紧急期。特急期：震后 24h，其主要任务是救人。突急期：震后 2 ~ 3d，其主要任务是治伤；紧急期：震后 4 ~ 10d，其主要任务是安置灾民生活。当前，我国政府的快速反应机制还远远不能适应自然灾害救治的要求，主要表现为各自然灾害管理部门相互独立，各自为政，相互间协调能力差，影响了效率。灾后启动的快速反应系统应该在国土资源部门建立的汛期地质灾害防治应急指挥系统下，抢险救援人员的快速反应，救助装备、资金、物资准备快速反应；灾情快速调查与评估，应急通信、交通系统的快速反应，受灾人员撤离的快速反应等应急行动预案，此外，从我国历次灾害的救灾工作经验来看，通讯联络是通报灾情、疏散群众、请求支援的关键环节，没有一个健全的通信信息保障，减灾工作是无法顺利进行的，这就需要各级政府下大力气，增加通信建设投入，特别是流动通讯系统的建设，确保灾害来临时，通信网络的畅通。

（三）应急指挥系统

灾害应急指挥是一项准军事行动，时间紧迫、事关重大是行动的突出特点。从理论上讲，灾害应急指挥过程实际上就是一系列有限时间约束条件下的决策与决策实施过程的集合，因此在一定的时间约束条件下，各种指挥决策是否科学合理和各种指挥决策的实施过程是否及时有效，这是灾害应急工作成败的关键，因此，建立权威、高效的政府处置地质灾害应急指挥系统，已经成为政府必须认真对待的重大问题。城市灾害发生后，紧急处置、社会动员、资源分配、抗灾救援、社会恢复都离不开应急指挥系统。长期以来，我国的灾害管理体制实行单一灾种为主的管理模式，各涉灾部门自成系统，各自为战；这种管理体制有利也有弊，主要弊端是不利于减灾资源的整合、利用和信息的共享、沟通。强化现行的地质灾害危机管理体制和指挥机构，充分发挥其在人员、技术、经验方面的优势，积极拓展其综合协调和信息沟通的功能是减轻灾害的关键所在。应急指挥系统在危机发生时，即能迅速转为地质灾害应急处置指挥机构，切实履行管理和指挥职能，这是各级政府管理和处置地质灾害危机的必要条件，是实行统一指挥、果断决策和快速行动的技术保证。地质灾害危机的应急指挥系统还包括数据处理分析系统，快捷的信息传输网络和基于 GIS 的综合性地质灾害应急基础数据库。上述系统的建设，必须实现与政府应急指挥系统的技术对接，融入政府的公共信息网络中，才能充分发挥政府公共安全危机管理中地质灾害应急子系统的功能和作用。上海、福建等大城市启动的地震应急指挥系统实现了对大震速报、震情、灾情和应急决策信息的快速反应，并通过该系统开展震后趋势判断、进行震害预测与评估、辅助领导应急决策。

（四）应急避难系统

如何撤离人员、如何安置人员、安置在什么地方、如何救助灾民是地质灾害应急措施的重点，成功组织灾民与财产的安全快速转移是一个复杂系统，这要求在城市减灾规划中设置市、区、街道级的应急避难路线和人员撤离疏散场地；按地质灾害应急的要求对紧急通道、救援输送通道、避难辅助通道进行合理规划布局。由于城市建设规模越来越大，功能愈来愈复杂，原有的城市道路已经不能满足地质灾害应急救灾的要求，因此要求新建开发区和老城区改造时，应拓宽道路，加固过街桥梁，增加城市对外通道；市区人流集中的场所如影剧院、政府办公大楼、商场、车站等处应设置宽敞的安全出口和明显的人员疏散引导标志。加强地质灾害应急避险生活圈的建设，按照城市人口居住和流动的特点，规划地质灾害应急避难功能的城市广场、公园、绿化草地、室外体育运动场，并使之按人口居住、流动密度合理分布；形成地质灾害应急避难疏散安全有效的救助区域，从而使灾民得到最大限度的救助。应急避难系统涉及大量空间数据（交通图、居民点、安置区）和非空间数据（人口、财产量、交通工具），应用 GIS 的空间数据管理、分析和显示能力，是辅助制定最佳撤离路线和最佳安置点的重要技术手段[①]。

（五）信息发布系统

地质灾害信息的发布是城市突发性地质灾害应急处理中的重要环节。应当借鉴对 SARS 事件处理的经验，正确处理和把握重要公共信息保密与公开的关系，加快建立和完善地质灾害危机的信息发布机制。建立新闻发言人制度，及时公布有关灾害信息。在此，对于信息披露的基本要求是：时间第一，争取舆论主动权；言行一致，确立信息沟通的可信度和权威性；明确信息发布渠道和时间；处理与各种媒体的关系，建立政府与媒体的合作机制。这将有利于提高公众对地质灾害危机的重视和心理承受程度，增强社会应对突发性地质灾害的能力。但在地质灾害管理部门提出的短期预报意见或相应的预警等级被政府

---

① 国家地震局震害防御司、未来地震灾害损失预测研究组.中国地震灾害损失预测研究 [M].北京: 地震出版社，2014.

采纳并确定对外发布后，则应通过各种途径和方法，让危机涉及区域的广大公众充分了解预报的依据、内容和危机可能产生的后果以及需要采取的应对措施，这样，才能提高全社会的危机应变处置能力，而不至于在地质灾害突然发生之际处置失当，造成不必要的伤亡和损失。至于地质灾害的临灾预报或相应的预警等级，当政府掌握了可靠的临灾信息而决定发布时，则必须采取果断有力的措施，利用各种传播媒介和宣传手段，迅速向社会发布即将发生的地质灾害危机信息。对已经发生的地质灾害事件，应通过报刊、电视、电台、及时对外发布一致的、可靠的灾情和紧急救援信息，并建立公共网站在INTERNET 上予以报道介绍，这有助于让广大公众在第一时间里了解公共安全信息，增强对政府的信任程度。

（六）空间信息系统

灾害信息是认识地质灾害应急问题的关键媒介，是应急决策的基础、也是实现应急指挥与应急行动的手段。20 世纪 90 年代初，GIS 在世界各国的防灾减灾工作中得到了高度重视：1994 年的美国洛杉矶大地震，就是利用 ARC/INFO 进行灾后应急响应决策支持，成为大都市利用 GIS 技术建立防震减灾系统的成功范例；日本横滨大地震后，日本政府决定利用 GIS 技术建立更好地快速响应防震减灾系统。以 GIS 为核心的应急系统模型，用于城市突发性地质灾害事应急辅助决策，它集成了 GIS/RS/GPS 三者的优势，发挥了 GIS 可视化和空间分析的特有功能，对灾害现场和救助机构实时动态监视和控制，对救灾资源进行实时调度和配置，从而提高了灾害应急救援的效率和响应速度，为抗灾减灾和灾后救助工作提供了有效的辅助手段。采用以 GIS 为核心的辅助决策系统的方法与传统的应急方法相比，明显提高了人员和物资调度的准确率和响应速度，为应急救助赢得时间。"上海市防震减灾应急决策信息系统"是建立在 GIS 空间信息管理平台基础上的应急系统，可以动态地提供在各种可能地震状况下城市建筑物和生命线工程破坏的预测，可以有效地开展发生后的即时震害快速评估，并根据震害进行快速损失评估，提供地震应急决策所需的有关辅助信息，值得我们借鉴。

（七）宣传教育系统

城市居民既是灾害管理的对象，也是灾害管理得以充分发挥的主体。城市居民的应急减灾意识关系到地质灾害应急体系作用的发挥，决定居民在应急避难和灾后救援具有重要的作用。为此，要通过各种形式，向城市居民广泛普及防御地质灾害的常识，使居民掌握发生地质灾害后的自救方法，了解灾害发生的背景、时间、地点、影响范围等情况；还需要对各级政府的领导干部，从事城市建设的规划、设计和管理人员以及城市居民开展持续的应急减灾宣传教育。在城市各个层面开展安全和灾害防御知识和技术的培训工作，适时进行应对突发灾害的演习和训练，不断提高市民的防灾意识和应对灾害的技巧。要特别重视对中、小学生进行安全教育和防灾教育，从小培养他们树立安全观念，增强安全防范意识，营造防灾减灾的社会氛围，打造城市可持续发展的文化心理基础。积极组建地质灾害紧急救援队伍，加强在各种困难、复杂条件下的救援训练，提高地质灾害危机时的应急救援能力，同时，推进城市社区的紧急救援志愿者建设，逐步建立和完善地质灾害应急救援的社会动员机制。加强防灾减灾的法制宣传教育，使各级政府领导和城市广大公众增强法制意识，了解和熟悉防灾减灾的各项法规制度，自觉地依法参与防灾减灾行动和实施地质灾害应急管理。只有这样，才能有效防范地质灾害危机的发生和减轻地质灾害的损失。

随着我国城市化进程的加快，城市聚集的社会财富和人口越来越多，各种灾害对城市乃至整个国家所造成的损失亦越来越大，而发生在山区城市的地质灾害，给山区城市居民造成更为严重的经济损失和人员伤亡，是山区经济开发和城市可持续发展中的一个突出问题。本节正是基于此目的，探讨了城市突发性地质灾害应急反应系统，但是涉及灾害应急管理系统的内容还很多，例如生命线系统、通信系统、医疗救护系统等。突发性的地质灾害应急管理在时间尺度上应该是从灾前的监测预警、应急准备、应急预案到发生中的应急指挥、紧急撤离、抢险抗灾，直到灾后的救援、恢复重建。我们只有把握应急系统的每个环节，才能有效地达到减灾目的。从客观上讲，加强城市的防灾减灾，制定应急预案，使城市安全在任何情况下都能得到保障，即使灾害一旦不可避免地发生，也能使灾害造成的人员伤亡和财产损失降低到最低程度，因此，建立完善的城市安全体系和应急机制，用先进的科学技术装备城市的安全系统，动员全社会的力量，齐心协力，是城市安全和城市可持续性发展的必由之路。

第二节　地质灾害危险性评价

近几年来，地质灾害的发生率正在不断增强，对人们的生命财产安全造成了十分严重的危害。由于城市人口密集、经济发达，地质灾害的危害更加严重，通过对地质灾害危险性进行科学评价，可有效评估地质灾害所造成的危害，这对地质灾害的预防及防治具有十分重要的作用。本节对地质灾害危险性评价进行了分析。

地质灾害的发生是大自然作用的结果，是无法人为控制的，因而在社会上所造成的危害相对而言也比较大。尤其是地质灾害，一旦发生不但会造成严重经济损失，还很容易造成人员伤亡，因而地质灾害的预防相对而言也就更加重要。为了尽量避免地质灾害所造成的损失，应当了解地质灾害所造成的危害，对地质灾害危险性进行评估，从而通过有效策略最大限度地降低地质灾害所造成危害，保证人们的生命财产安全。

一、地质灾害基本特征分析

（一）地质灾害具有综合性特征

地质灾害的形成存在区域性规律，就我国当前实际情况来看，在中部地区以及西南地区发生较多的地质灾害主要就是滑坡、崩塌以及泥石流；在西北地区比较常见的就是水土流失以及沙漠化；在长江三角洲地区往往容易出现海水入侵以及地面沉降；在华北地区比较容易发生的为地震灾害，并且还会出现地裂缝、地面沉降以及岩溶塌陷等现象；在华南地区主要就是岩溶塌陷以及地面沉降，并且还会发生土壤沼泽化及盐渍化。对于地质灾害而言，其具备区域性规律，但同时也具备自身特点。在一个城市中往往会有多种地质灾害出现，由于城市周围地质环境及形成地质灾害基本规律，因而地质灾害具备综合性特点。

（二）地质灾害强度比较大

城市是当前人们集中聚居的一个重要载体，其主要特点就是人口集中程度比较高，并且城市内建筑物密度比较大。随着当前社会人口数量的不断增加，人们的需求不断增长，很多城市也得到快速发展，因此，一旦有地质灾害发生将会造成十分严重的危害，所造成经济损失及人员伤亡相比于其他地区也将更加严重。

二、地质灾害评估原则分析

（一）分区域评估原则

根据评估城市周围环境条件依据地质灾害隐藏点分布情况及呈现程度等有关特点，可对城市进行划分，使其成为若干不同区域，这些区域危险程度不同。在分析地质灾害作用性质、规模以及受灾对象社会经济属性的基础上，以受灾对象稳定性以及地质灾害发生概率方面作为入手点，对不同区域危险性大小进行划分，主要包括三个等级，即大、中、小三级；并且依据不同区域适当对场地进行评估，将场地分为三级，即适宜、基本适宜及适宜性差。

（二）就高不就低原则

在城市内有多种地质灾害隐患存在情况下，采取就高不就低及就大不就小原则将其危险性级别确定。若城市内同时存在弱发育崩塌，其危险性比较小，并且存在中等发育滑坡，其危险性中等，同时还存在强发育地裂缝，其危险性比较大，则在对其危险性进行评估时应当依据就高不就低原则，将该区域确定为危险性较大区域，其适宜性比较差。

三、当前地质灾害危险性评价中存在的问题

（一）对原始资料缺乏重视

在地质灾害危险性评价过程中，相关部门为能够对评估工作进行规范，并且统一进行管理，从而出台《地质灾害危险性评价报告编写提纲》，其对评估报告中应当具备相关内容以及编排顺序进行统一规定，这样虽然能够在一定程度保证评估工作的统一性及标准性，然而对于一些经验较缺乏的工作人员而言，其认为评估工作主要就是依据提纲中格式将相关资料找出进行填写即可，因而对野外调查工作往往忽略，未能够重视其重要性，这种做法可能导致的结果就是报告内容不符合实际情况，甚至有矛盾情况存在，最终必然会造成严重不良影响，可能会导致一些地质灾害没有发现，也可能会导致一些原本不存在地质灾害反而被提出。

（二）未能够充分认识地质灾害危害性

在当前城市建设过程中，很多单位都将地质灾害危害性评价作为次要环节，仅仅将其作为征地手续办理的一种手段，往往只是采取应付态度，未能够认真对待。在有些工作人员看来，地质灾害危害性评估工作是属于负担，不但耗费时间，并且十分耗费精力，在有些用地单位看来，这会产生不必要的麻烦，因而在地质灾害危险性评估工作开展过程中往往未能够积极配合。

由于这种情况的存在，有些技术人员思想也会受到一定影响，在实际工作过程中表现出应付态度，所给出评估报告存在很多漏洞，所得到的一些评价论断也缺乏准确性。对于有些评估报告而言，在经过修改及补充之后虽然能够勉强应付，然而对于防治地质灾害并无太大指导作用；有些评估报告无法通过评审，必须重新评估，这必然会造成人力、物力的浪费。

（三）对城市外围区域缺乏研究

在当前地质灾害危险性评估工作过程中，大多数情况下都是只对城市范围内调查比较重视，但对城市外围调查往往忽略，这属于一种偏见。对于地质灾害而言，其诱发因素主要包括两种，即自然因素与人为因素。在城市范围要进行开发建设，其所包括内容主要有削坡放坡、基础施工以及填土平整等方面，因此人为因素会产生较大影响，这样一来有些研究人员很容易有错误观念产生，地质灾害的产生是由于人们将地质环境条件改变。但从实际情况而言，城市外围在大自然作用下也会有地质灾害出现，特别是地质环境条件相对而言比较复杂的一些区域。

所以，在进行地质灾害危险性评估工作过程中，不但要对城市范围内情况加强调查，同时对于城市外围调查也应当加强重视。

（四）缺乏统一技术规范

从当前实际情况来看，在地质灾害危险性评价方面，虽然国家及政府已经颁布了一些法律法规及相关规范，然而在实际工作过程中由于不同地区情况不同，往往各自也具备自身城市的一些政策及法规，这样一来，在实际工作过程中可能就会有矛盾情况出现，很多标准缺乏统一化，工作人员在进行评估时往往不知依照哪一标准进行，给评估工作造成很大影响，并且会对评估工作的进展造成严重阻碍。

四、地质灾害危险性评估有效途径分析

（一）对原始资料加强验收

在地质灾害危险性评估工作过程中，野外基础地质灾害调查属于基础内容。由于当前专家只对评估报告进行审查，并未进行野外验收，很容易导致报告内容不符合实际情况的现象出现，所以在今后地质灾害危险性评估工作过程中，对于验收及评审工作可让建设方进行投资，由政府主管部门组织进行野外验收以及报告评审，同时应当将在野外调查过程中所得到相关资料作为备案时必须资料，对于评审专家可在全国范围内进行选择，然后组建专家库随机进行抽取，尽可能使评审实现公正有效。

（二）积极提升思想认识

在当前地质灾害危险性评价过程中，作为地质灾害防治工作的主管部门，国土资源部门应当通过多种渠道向全社会广泛宣传地质灾害防治相关知识，同时应当积极宣传地质灾害评估工作所具有的重要性，从而使相关单位能够理解，并且积极支持。在实际工作过程中，应当与实际实例相结合，同时应当结合正反两个方面相关经验，从而形象具体地进行宣传。另外，应当注意积极提升相关单位、部门以及个人在地质灾害评估执行方面自觉性，同时应当与评估工作过程中存在的阻力及误解相结合，从而有针对性地进行宣传，进而得到进一步突破，并且还应当对相关法律法规文件加强宣传，使工作人员的思想认识能够得到统一，并且保证在实际工作过程中能够真正落实，从而保证评估工作能够较好地开展。

（三）加强规范化管理

对于地质灾害危险性评估而言，其具有较强的专业性，并且具有较好的技术要求，责任也比较重。该项工作要求承担单位必须保证具备较高素质，具备先进技术，并且要具备丰富经验，同时还应当具备严肃认真的工作作风，对人们安全高度负责，因此，对于评估工作人员必须要加强培训，对评估工作队伍加强建设。另外，对于承担评估工作单位资质应当严格进行管理，对资质审查严格把关。在今后工作过程中应当对评估报告质量进行评分，通过进行严格规范化管理使评估工作水平得到有效提高。由于当前地质灾害危险性评估实施市场化操作，因而必须进一步加强规范化管理，从而保证其能够健康发展。

（四）积极完善相关技术规范

相关部门应当积极组织有丰富经验的一些专家，从而制定出适用的相关技术规范。在今后地质灾害危险性评价工作中，可进一步扩展地质灾害类型，不应仅仅局限在传统的几种地质灾害。另外，在研究深度方面应当使地质灾害危险性评价逐渐过渡到地质灾害风险评估，从而不断提高地质灾害危险性评价质量。

在当前城市规划建设过程中，地质灾害危险性评价已经成为一项重要工作，在保证人们生命财产安全方面具有十分重要的作用。作为评价工作人员，应当充分认识到地质灾害所产生的危害，了解地质灾害危险性评价相关原则，同时应当在全面分析当前地质灾害评价中存在问题的基础上，通过有效途径提升地质灾害危险性评价工作水平，从而保证地质灾害危险性评价得到更好效果。

第三节　地质调查与地质灾害治理

在国民经济不断增长的形势下，城市建设规模不断扩大，一些基本建设项目不断增加，但是在建设过程中，地质灾害问题也越来越多。在城市建设过程中，将地质因素作为出发点，对地质灾害调查与治理的实际情况进行分析和研究，为城市建设的顺利实施打下良好基础，保证地基质量。

在现代社会发展过程中，城市建设进程不断加快推进速度。而在城市建设中，地质问题尤为重要，任何建筑物的构建都离不开地基，地基土层质量的好坏能够直接影响到地质质量。在地基构建过程中，岩土层由于环境、气候条件、地下水、地质构造等因素都会对地基质量产生影响，不同时期、不同地质条件下形成的地基稳定性也大不相同，在城市建设过程中，这些问题的影响都较为严重。针对这一现状，在地质灾害治理过程中，地质调查工作的实施对地基土的质量好坏能够有良好的检测作用，对城市建设以及地质灾害治理而言，具有非常重要的影响和作用。

一、地质因素在城市建设中的表现特点

（一）地质构造

在针对城市建设过程中，由于地质因素的影响，会导致施工进度和质量受到影响。在这种背景下，要从根本上对由于地质问题而引起的一系列施工故障进行分析和处理，尽可能为施工的顺利实施提供有效保障。在针对雄安新区稳定场地和基本稳定场地进行调查之后，可以看出，两个场地都比较适合工程建设，特别是对地下空间开发利用条件进行调查

之后，可以看出其自身的条件比较优越，适合对地下空间进行规模化开发。在开挖之前，要针对实际情况对地质构造进行深入分析和研究，对支护强度、等级进行强化。与此同时，在开挖过程中，应当加强监测力度，对地基实际情况进行深入分析，否则很容易导致塌陷现象出现，另外还会导致地下出现涌水现象，这些问题的发生都是由于地质构造的影响。

（二）地层承载力

在针对地质调查局河北省保定市雄安新区地质调查实施过程中，根据相关人员的勘探初步分析之后，可以看出，区内 40 米以下大多数地层承载力都控制在 170 至 200 兆帕左右。与此同时，每一个工程层厚度处于比较稳定状态，这些层基本上在实施过程中，能够满足工程建设地基的整体承载力要求。从根本上为工程的顺利实施打下良好基础，提供有效保障。

（二）地质调查

雄安新区地质调查最初是从 2017 年 6 月初正式启动，到目前为止，钻机已经投入203 台，工程技术人员 1700 多人，勘探钻孔已经完成 516 个，总进尺能够达到 5.5 万米。与此同时，在针对该地区进行地质调查时，总共收集水土样品采集测试已经达到 4 万余件，综合物探测井能够达到将近 1 万米，从中获取 90 余万条数据。在对雄安新区进行地质调查时，根据相关人员介绍可以看出，一公里要打一个工程地质勘查孔，这个精度在之前的工程中是并不存在的，因此，针对这一现状，在实施过程中，对雄安新区的土地利用以及地下空间开发工程建设可以提供有效的基础，并且从根本上对其形成有效保障。通过地质调查可以看出，雄安新区在土壤质量方面，其自身的土壤环境清洁，大部分并不存在重金属污染现象，土壤清洁区的面积能够占到 99.3%，局部零星地块表层土壤会存在汞、镉等重金属污染。

二、地质灾害调查与治理的重要性

城市建筑在构建过程中，不仅要满足现代人对美观、功能的个性化需求，而且还要保证其日后的使用过程中，能够经得起长期考验，特别是一些自然灾害问题的影响。在某种程度上，城市建设与地质条件的改造科学性和合理性之间能够形成密切联系。在实际操作过程中，要保证对自然地质特征进行深入研究和分析，才能够科学合理的对城市当中的一些地质资源进行开发和利用。这样不仅能够从根本上保证对地质问题进行及时有效的监测和整治，而且还能够为城市可持续发展和建设提供有效保障。

在雄安新区的建设过程中，无论是规划单位、设计单位或者是施工单位都是以独立个体存在，相互之间并没有过多交流和沟通，很多单位都是只对自己负责的部门有深入的了解，但是这些部门在城市建设过程中，是必不可少的重要环节，但是工程地质不能够与基础地质之间画等号，局部场地的地质特征也不能够直接全权代表整体地质特征，因此，针对这一现状，在城市建设过程中，地质调查和地质灾害治理就显得更加重要。

三、地质调查与地质灾害治理在城市建设中的作用分析

在对雄安新区进行建设的过程中，为了保证其建设的安全性和质量，彻底将地质灾害隐患消除，对可能存在的问题以及地质灾害现象采取有效措施进行处理。在建设过程中，将地质调查与地质灾害治理措施的作用充分发挥出来。首先，将现有基础地质调查成果作为基础，与雄安新区的建设实际情况进行有效结合，特别是地质构造、地层特征、工程地质等条件进行深入研究和分析。根据实际情况对各类条件的可能性进行分类、分区以及分级处理，对设计等级、施工要求等提出更加细致的要求，这样有利于新区建设的顺利实施。其次，对雄安新区内容易发生滑坡、溶洞、矿坑、环境污染等一系列地质灾害问题进行全方位分析，其中还包括气象灾害问题。只有将这些灾害性质和原因进行深入了解之后，才能够与实际情况进行有效结合，制定出科学合理的治理措施，为城市建设打下良好地基基础，另外，要对即将要开发的地块进行科学合理的地质灾害评估和判断，将一些高科技技术引入其中，建立具有实质性意义的灾害地质数学模型。利用该模型，针对其中一些隐含灾害地质问题进行分级处理，科学合理编制地质灾害分区图，这样能够对现阶段存在的以及隐藏地质灾害问题进行妥善处理。

综上所述，地质调查与地质灾害治理对城市建设而言，具有非常重要的影响和作用。地基土的质量好坏能够直接影响建筑物的建设以及后续使用安全性，因此，针对这一现状，在城市各项基础设施构建过程中，要从根本上强化地质调查和地质灾害治理相关工作，将各项措施落到实处，为城市建设起到良好的保障。

第四节　城市突发性地质灾害应急系统与处置

针对城市是地质灾害的重大"承载体"这一特点，本节分析了地质灾害的特点及其危害，系统探讨了城市突发性地质灾害应急处置中的一系列基本问题，对我国城市突发性地质灾害应急处置工作的有效开展、政府防灾减灾目标的更好实现具有广泛的现实指导意义。

地质灾害是指由于地质动力作用导致岩土体位移、地面变形以及地质自然环境恶化，危害人类生命财产安全的地质现象，如崩塌、滑坡、泥石流、地裂缝、地面沉降、砂土液化、土地冻融、水土流失、土地沙漠化及沼泽化等。以城市为承载体的地质灾害即为地质灾害。

由此可以看到，地质灾害防御和应急处置工作在社会经济建设中是非常重要且必要的。

一、城市突发性地质灾害应急处置的指导思想和基本程序

（一）应急处置的指导思想

以人为本，避免或最大限度减轻灾害造成的损失，维护人民生命和财产安全，保障社会稳定，实现减灾效益最大化。

（二）应急处置工作的体系和程序

1. 应急处置工作体系

应急处置体系是一个庞大的系统，其基本构成应当包括政府的应急救援处置和高危生产经营单位的应急处置两大系统。政府的应急救援处置管理是公益性的系统，而高危生产经营单位应急处置是自救系统，二者缺一不可。

2. 应急处置管理工作基本程序

应急处置管理工作的基本程序包括：先（早）期处置、信息报告、应急响应（处置）、应急结束、善后处理、调查评估、恢复重建等重要步骤。

二、城市突发性地质灾害应急处置的工作目标与工作原则

（一）应急处置的工作目标

地质灾害应急处理工作一般需要较大的经济投入，它既是复杂的技术工程，又是复杂的经济工作，因此应急处理的实施应本着最优化的目标慎重对待。所谓最优化目标，就是灾害的探测、处置、监测均应体现科学性、可操作性、最小风险与最大效益的有机结合。

1. 科学性

探测、处置、监测的方式、手段的选择要有充分的依据，符合地质灾害的减灾特点或受灾体的保护需要。处置结果的最后质量符合国家有关标准和规范的要求。

2. 可操作性

即相关方案在当前的技术条件下能正常顺利地实施，在人力、物力和财力等方面要有充分的保障，现场环境无严重障碍。

3. 最小风险

由于灾害损失和发展趋势的不确定性，地质灾害的处置可能孕育着一定的风险，因此，在处置方案的设计和实施过程中，要力求将风险降到最低限度。

4. 最大效益

最大限度地合理调配人力、物力和财力的投入，使地质灾害应急处置工作取得最大的社会效益、经济效益和环境效益。

（二）应急处置的工作原则

为确保应急处置工作的及时、有效，应急处置工作应遵循以下原则："早准备——快反应——急处置——慎总结"。

1. 早准备

对突发性地质灾害，防是关键，所以应将控制作为前提，早做准备，即早知道本地区地质灾害的类型、易发地点及可能的风险点，以便在技术、物资等方面早做准备。

2. 快反应，急处置

"快反应，急处置"是实现控制灾害、减少损失的重要保证。应重点体现"六快速，六正确，一得当"的要求：

（1）快速调查。快速查明地质灾害体地质构造和环境条件，准确分析和把握地质灾害体（灾害区域）的规模、分布、破坏类型及其危害状况，以及影响地质灾害体（灾害区域）稳定性的环境条件，自然结构成分特点和作用因素及瞬间触发动力。

（2）快速探测（监测）。快速了解地质灾害体（灾害区域）的分布动态和发展趋势，准确判断地质灾害体（灾害区域）和周边建（构）筑物和管线的稳定状态、灾害险情大小，新隐患的位置和危害范围及可能发生的时间，为灾害原因分析，处置方案论证和紧急避险措施的确定提供依据。

（3）快速定性。以地质灾害体（灾害区域）内外客观表现的具体事实为依据，以工程地质基本原理为基础，根据对调查、探测和监测资料的全面分析，准确判定地质灾害的成因机制。为确定处置减灾方案和界定致灾责任提供依据。

（4）快速论证。通过比选，准确提出科学、可行、合理的处置和避让方案。"科学"是指应急处置方案针对灾情或灾害成因机理，对症下药；"可行"是指应急处置技术方案比较成熟，工艺操作简便易行，社会资源丰富，减灾和控制成效显著，且施工安全有保证（即有效防止次生灾害的发生）；"合理"是指应急处置投入在可接受的水平。

（5）快速决策。确保管理程序、应急物资、队伍和技术装备快速到位，处置和避让方案审批，即指令下达及时准确。

（6）快速实施。确保处置力量组织和处置方案实施快速、有序、准确，力争把握应急处置的最佳时机，争取实现减灾效益最大化。

（7）在快速准确地实施调查、探测、监测、处置等相关应急处置方案时，得当的次生灾害预控措施是确保应急处置效果、防止次生灾害发生、实现应急救援处置目标的重要保证。

3. 及时总结

灾害处置结束后，应及时对灾害的整个处置过程严肃认真、慎重地进行总结。总结应急反应、技术方法和设备仪器的适宜性，进而促进技术方法的改进和设备、仪器适用性的提高。

三、城市突发性地质灾害应急处置关键技术路线、总体思路和基本要求

应急处置是应急救援的核心，应急处置技术实施的总体思路是"先重灾后轻灾、先深部后浅部"，其基本要求是：

（1）成功实施灾害应急处置的关键在于计划性，即按科学的计划进行应急救援处置的指挥和处置实施工作。调度指挥与处置程序应遵循"快反应，急处置"的工作原则以及"六快速、六准确、一得当"的处置要求，有条不紊地投入处置工作，同灾害蔓延快的特点针锋相对，实现以快制快的处置救援目标。

（2）实施快速有效的应急处置的首要任务是控制灾害的发展，消除灾害影响的蔓延扩大，在可能蔓延的主要方向部署精干力量，采取有效措施快速堵截源头，防止灾害势头蔓延。

（3）地质灾害的突发性决定了灾害蔓延的速度非常快。为迅速控制灾害，在战术上必须采取上下分头设防，分头进入、联合截击的方法，即在灾害的上下、前后、左右不同部位，分别选择敏感关键节点，部署优势力量，形成上下设防的阵势，在总体方案指导下，从不同角度入手，分布合击，迅速控制灾害。

（4）针对地质灾害发生的区域呈条形状及蔓延速度较快的特点，灾害处置时采取分割包围的战术，集中力量分块解决灾害突发区域或灾害重点区域及存在严重隐患区域的灾情，实现速战速决。

（5）对灾害区域周边环境开展先期探测，处置过程中进行实时监测，实施处置效果的检测和监测，是对地质灾害有效处置和对次生灾害有效预控的重要实现手段。信息先导决定了最终结果，而确保处置的最佳效果，装备是基础，技术是保障。

四、城市突发性地质灾害处置关键技术

城市突发性地质灾害应急处置技术是一项综合性强的系统工程，设计技术点多面广，为此，从确保应急处置效果的快速有效角度出发，应重点把握其中的关键，从而使处置工作实现事半功倍的效果。

城市突发性地质灾害处置关键技术主要包括：处置前的探测技术、施工处置技术、处置过程实时监测技术、次生灾害的预防与控制技术及处置后检测、监测评估技术。

（一）处置前的探测技术

处置前的探测旨在摸清现状、找准诱因、确定重点部位，以确保处置方法得当，处置过程有的放矢，提高处置效果。为确保探测技术的有效应用，明确探测的对象及需探明的技术问题，地球物理探测方法的合理选用是两大重点问题。

（二）施工处置技术

施工处置技术是应急处置技术的核心技术，合理的处置程序和适当的技术方法是应急处置成败的关键，为此，需在对处置前进行的探测结果充分分析论证的基础上，制订科学严密的处置程序，确定快捷适宜的处置技术方法，从而达到快速高效的处置目标。

（三）处置过程的实时监测技术

地质灾害处置过程的实时监测主要任务是监测地质灾害发生后及处置过程中时空域演变信息（包括位移、沉降、地下水位、三维变形），以最大程度获取连续的空间变形数据，便于及时预测预报，分析次生灾害和诱发因素以及调整和完善处置方案。

（四）次生灾害预防与控制技术

现代城市灾害具有明显的叠加性和链状特征，常常以群发的形式出现，所以，地质灾害应急处置机制除了要尽力降低灾害事件本身的直接损失外，还要尽可能降低"次生灾害"产生所引起的"二次效应"或"次生效应"的范围和强度，尽力降低"次生效应"的毁伤。

（五）处置后检测、监测评估技术

通过处置后检测、监测评估技术，对处置效果进行评估，同时，为处置区域的后续利用和管理提供决策依据，其重点是确定检测、监测评估的内容和采用的方法。

（六）应关注应急处置中"预处置技术"的采用

城市突发性地质灾害应急处置一般应遵循突发性地质灾害应急处置的基本流程——"处置前的调查与探测——施工处置——处置过程实时监测——次生灾害的预防与控制——处置后的检测、监测与评估"，但实际应急处置过程中，由于灾害发展迅速，灾情严重等因素，无法严格按上述程序执行，因此，在应急反应时，应视现场情况适当调整流程，遇灾害严重时，应首先采取措施进行应急"预处置"，即在现场尚未完成前期调查，评估和前期探测前，为有效防止和控制灾情的进一步扩大，必须充分重视采取措施进行先期处置。

城市突发性地质灾害应急处置是实现政府防灾减灾计划，同时也是灾害发生后减少灾害损失，实施应急救援的重要手段。为确保地质灾害发生时应急救援和应急处置工作的有效实施，在日常城市防灾减灾和实际救灾工作中，对上述基本问题应予以充分关注。

第五节　地质灾害应急能力评价指标体系建构

城市灾害应急能力的评价是城市灾害管理的重要内容，也是城市防灾减灾的重要保障，建立城市灾害应急能力评价指标体系对增强城市灾害管理能力和提高政府部门对灾害的应急响应能力有重要的意义。从系统理论的角度出发，运用层次分析法对城市灾害应急能力的评价指标进行分级，在结合城市灾害特征的基础上建立起参与城市灾害应急管理能力的评价指标体系，可为今后城市灾害管理和规划提供科学依据。

城市的出现是人类进步的必然结果，是社会、经济和文化发展的重要表现，城市化已经是全球发展的一种共同的趋势。城市作为人口、经济、文化的高度聚集区，同时也成为一个巨大承灾体，在灾害面前显得无比脆弱，灾害一旦发生，必将造成巨大的损失。在一些重要的城市，城市灾害不但威胁到城市自身的安全，还关系到国家安全与稳定，因此，城市的安全减灾早已经受到世界各国的广泛关注。

城市灾害管理水平是衡量一个城市发展能力高低的重要因素，可以有效地减轻城市灾害的损失和保证城市的可持续发展。由于城市灾害具有种类多样性、成因复杂性、突发性、高易损性及城市应对灾害的滞后性等特征，全世界各国的灾害学专家一致指出，一个国家要实现安全和可持续发展，首先要解决的问题就是提高城市的防灾、抗灾能力。城市的特征决定了城市减灾必须迅速、果断，稍微迟缓一点就会付出惨重的代价，因此，在城市防灾、减灾过程中，当地政府部门的应急响应能力成为决定减灾是否有效的关键因素。城市灾害应急管理是一项具有反馈功能的系统工程，建立起城市应急管理能力的评价指标体系有助于推动城市灾害应急管理能力的建设。在城市灾害应急能力研究方面，有学者早就开展过相关的研究：刘艳等研究了我国城市减灾管理能力的综合评价指标体系，建立了城市危险性评价指标、易损性评价指标和承载力评价指标；张凤华等从地震减灾的角度提出了城市地震减灾能力评价的指标体系。综合近年来相关的研究发现，城市综合评价指标体系的综合性较强，但在具体内容的评价上有很大的局限性，因此，在建立综合城市灾害应急管理能力评价指标体系的基础上还应该完善具体内容评价指标的建设。就目前我国城市发展进程和城市灾害的特点看，建立完善的城市灾害应急能力评价指标对我国城市安全和社会可持续发展具有重大的意义，是目前我国城市安全减灾的当务之急。

一、评价指标体系设置的原则

（一）科学性原则

科学性是对任何评价指标体系的基本要求，城市是一个巨大的承灾体，任何一点错误决策的代价都将是惨重的损失，因此，对城市灾害应急能力评估指标的设置必须要具有较高的科学性。

（二）可行性原则

建立城市灾害应急能力评估体系的目的是对城市的防灾减灾能力进行具体的评价，以达到明确城市灾害管理能力和防灾减灾的目的，所以，评价指标体系的建立必须要达到对预期结果评估的目的，要求具有较强的可操作性。

（三）层次性原则

层次性原则是根据选取指标的具体情况划分出不同的层次，它可以反映指标体系的复杂程度。

（四）灵活性原则

由于不同城市的社会、经济等发展状况不尽一致，可以参与评价的指标也不可能完全相同，因此，在评价指标的选取和评价指标体系构建的时候要充分考虑各城市的发展现状，再根据具体情况进行，做到因地制宜的原则。

（五）动态性原则

由于城市的发展是一个动态变化的过程，运用动态性原则可以表述城市的灾害应急能力在时间尺度上随城市的发展而变化的过程，可以对从动态的角度对城市灾害应急能力进行评估。

二、评价指标体系的构建

（一）评价指标的选取

城市灾害应急能力的评价涉及多个因素的综合，供选取的指标较多，而且众多指标中有很多是重复的内容，若选取带有重复内容的因子参与评价，各指标间没有被过滤掉的信息会使评价结果与实际情况有很大的差距，因此，选取能够综合反映城市灾害应急能力的评价指标较为困难。现有对指标选取分析的方法有很多，如层次分析法、德尔菲法、头脑风暴法及统计学分析法等，不同的人可根据对资料掌握的具体情况选取的方法。层次分析法是由美国数学家莎迪（T.L.Saaty）于1980年首次提出的一种比较简单可行的决策方法，其主要优点是可以解决多目标的复杂问题，为定性与定量相结合的决策分析方法。本节根据层次分析法（AHP），根据城市灾害应急内容的特点做相应的转换处理，在众多参考因子中选取出了能较综合反映城市灾害应急能力且没有重复内容的6个一级评价指标（城市灾害监测与预警能力；城市灾害防御能力；城市居民的应急反应能力；政府部门的快速反应能力；应急救援能力；资源保障能力）和多个二级评价指标。

1. 城市灾害的监测、预报能力

城市灾害的监测和预报是实现现城市安全减灾和可持续发展的重要保障。城市是人口、经济密集的地区，由于人类不合理开采城市周边的资源使得城市环境恶化，地质灾害频发；同时，城市也是工业集中区，各种危险物品生产和储存使得城市有很多潜在的危险源，给城市的安全留下隐患，因此，对城市灾害的监测预报不但要对现有的灾害做到预测预报，还要对城市可能存在的灾害威胁进行评估和预测预报。此外，还要健全城市预测预报的设施建设，对城市灾害预测预报的精确度等进行评估，注重平时对城市居民积极参与灾情报告意识的培养，一旦发现可疑的灾情，立即向有关部门报告，做到让群众参与防灾。

2. 灾害的防御能力

城市是巨大的承灾体，进行防灾设施建设对减少城市灾害造成的损失有重要的作用，城市灾害防御措施主要有工程措施和非工程措施两种，工程措施主要包括加强城市建筑的抗灾能力，如抗震、防火等，此外还有人工修建的防洪堤、泥石流排导槽等；非工程措施包括生物措施、加强城市居民的防灾意识等，如我国在城市周围种植树木用以防引发泥石流等人为灾害的发生，还可以起到为城市防风挡沙的作用。另外，加强城市居民的防灾救灾能力也是增强城市综合防灾能力的一个有效途径，如定期进行让群众参与的救灾演习，让人们知道更多的救灾知识，提高他们的防灾救灾能力。

3. 城市居民的应急反应能力

大多数城市灾害的发生都具有典型的突发性和不确定性，当特大灾害发生时，现有的工程措施已不能有效地避免灾害造成的危害，人们面对灾害的行为及反应成为减灾中一个决定性因素。城市居民的应急反应能力在很大程度上取决于平时所受防灾教育及宣传的程度，从总体上讲，公众防灾教育普及的城市，居民的应急能力要普遍偏高；相反，灾害教育普及或宣传率较低的城市，公众的应急能力就相对较低。城市居民的应急反应能力主要从灾害发生时的自救能力上体现出来，受安全知识教育程度高的居民自救能力要高于受安全教育程度低的居民。

4. 政府部门的快速反应能力

灾害发生时，政府部门的快速反应能力是减灾、救灾的决定因素。快速响应的目标是迅速有效的救援活动、迅速恢复社会秩序及防止灾情进一步扩大。快速反应包括灾前警报和通知、有组织地疏散人群及财产转移、快速组织救灾、现场医疗救助和现场灾情评估等。在这一过程中，各个环节是相互影响和作用的，各环节之间的有效与否取决于当地政府部门的组织能力和反应能力。研究表明，救灾的最佳时间为灾害发生后的 72h 以内。在这段时间内，政府部门的应急能力直接影响到救灾的成功与否，救护人员要快速组织医疗队伍对受伤人员进行抢救措施和搜寻失踪人员，力求把人员的伤亡减少到最小。与此同时，还应该对灾害造成的损失进行快速评估，以便向上级政府部门汇报灾情，迅速争取外界援助。在救灾过程中，政府部门要组织专门的评估小组，对灾情扩大和可能造成次生灾害的可能性进行评估，以免造成更多的人员伤亡。

5. 应急救援能力

灾害应急救援的主要目标就是抢救伤员，力求把灾害造成的损失减少到最小。城市是人口高度集中的地区，城市灾害的发生具有典型的不确定性，往往在很短的时间就造成重大的人员伤亡和财产损失，因此，灾害发生后，政府部门是否能迅速地组织专业的救援队伍和医疗救援队伍投入救灾直接影响到人员伤亡的数量。在这一过程中，救援队伍和医疗队伍到达现场的速度成了救死扶伤的决定因素，救援队伍要集中力量救援被掩埋在废墟中的人员，且在救援时间和速度上都要求很高，力求越快越好，效率也要求达到尽量高，因为在很多时候，有可能在很短的几分钟就能使伤员死亡。应急救援能力是政府部门在抢险救灾过程中最关键的环节，因此，加强政府部门的灾害应急救援能力在城市救灾减灾中显得尤为重要。

6.应急资源保障能力

灾害发生后，救灾物资的供应是救灾减灾中的一个重要环节，应急资源的供应是抢险救灾的基本保障，是减少灾害损失的关键因素。应急资源的保障能力主要包括以下一些主要内容：各种救灾物品的供应能力、号召社会参与救灾的能力、通信能力、运输能力、灾民安置能力和救灾资金的筹备能力等。

（二）城市灾害应急能力评价指标的构建

根据评价指标体系设置的原则和指标选取的方法，结合城市灾害管理的相关特点，运用系统理论中的层次分析法（AHP）对城市灾害应急能力评价指标体系进行构建。城市灾害应急能力评价指标体系可分为三个层次：最高层次（A）、第二层次（B）和第三层次（C），其中最高层次指城市灾害应急能力的大小；第二层次表示城市灾害应急能力评价中的一级评价指标，在这一级中包括了 6 个同级指标：对灾害的监测预报能力、灾害防御能力、城市居民的应急反应能力、政府部门的快速反应能力、应急救援能力和资源保障能力；第三层次表示城市灾害应急能力评价中的二级评价指标，在这一层次中包括了多个同级评价指标。

目前我国城市灾害应急能力普遍较为薄弱，且很多城市都还没有注重对城市灾害应急能力评价体系的建设，想从根本上解决城市灾害应急能力的薄弱问题，目前急需的就是要建立起科学、规范、系统及完整的城市灾害应急能力评价指标体系。本节的研究可以为城市灾害管理起到指导作用，同时还可以逐步完善城市灾害管理内容和提高政府部门的灾害管理水平。城市灾害应急能力的评价指标体系是城市灾害管理中的一个重要内容，其评价方法有多种，本节在研究方法上只是一种尝试，此外，在指标选取方面也还存在许多不足的地方，还有待进一步完善和改进。

参考文献

[1] 任启磊 . 基础地质勘探技术在岩土工程中的应用分析 [J]. 西部资源，2018（03）：142-145.

[2] 伏东红，谢俊 . 基础地质工程与地质勘探应用 [J]. 世界有色金属，2017（18）：162-164.

[3] 杨宝林 . 基础地质工程与地质勘探应用论述 [J]. 黑龙江科技信息，2016（03）：57.

[4] 吴巍 . 岩土工程勘探中基础地质的应用分析 [J]. 科技与企业，2015（22）：119.

[5] 于江源，董峰 . 基础地质工程与地质勘探应用探讨 [J]. 黑龙江科技信息，2015（28）：120.

[6] 谢尚晓 . 基础地质工程与地质勘探应用探讨 [J]. 黑龙江科技信息，2015（15）：131.

[7] 张娟 . 基础地质工程与地质勘探应用探讨 [J]. 黑龙江科技信息，2016（34）：75.

[8] 高仁忠 . 基础地质工程与地质勘探应用探讨 [J]. 黑龙江科技信息，2015（14）：116.

[9] 陈安清 . 基于房建工程的地质勘探应用探析 [J]. 江西建材，2015（04）：263-264.

[10] 尹龙，曲源 . 基础地质工程与地质勘探应用探讨 [J]. 科学技术创新，2017（27）：107-108.

[11] 邰贺，赵永刚 . 基础地质工程与地质勘探应用分析 [J]. 黑龙江科学，2017，8（18）：58-59.

[12] 董文芳 . 基础地质工程与地质勘探应用探讨 [J]. 城市建设理论研究（电子版），2017（21）：127.

[13] 车雨虹 . 基础地质工程与地质勘探应用分析 [J]. 黑龙江科技信息，2016（19）：134.

[14] 杜昌磊 . 基础地质工程与地质勘探的应用分析 [J]. 建筑工程技术与设计，2018，10（33）：4937.

[15] 张东伟，石站强 . 基础地质勘探技术在岩土工程中的应用分析 [J]. 百科论坛电子杂志，2019，7（1）：107.

[16] 郭康利，赵龙 . 岩土工程地质勘探与地基基础设计的应用浅析 [J]. 丝路视野，2018，12（36）：341.

[17] 林叶青 . 建筑工程地质勘探与基础设计存在问题及对策 [J]. 商情，2018，9（49）：177.

[18] 秦磊 . 基础地质工程与地质勘探的应用分析 [J]. 建筑与预算，2018（04）：40-44.

[19] 王广辉 . 分析基础地质工程与地质勘探的应用 [J]. 西部资源，2018（02）：73-74.

[20] 杨伟 . 基础地质工程与地质勘探的应用解析 [J]. 价值工程，2018，37（07）：235-237.

[21] 伏东红，谢俊 . 基础地质工程与地质勘探应用 [J]. 世界有色金属，2017（18）：162-164.